Hi博士的
30個生物科技
酷知識

連小學生都能懂的
生命科學！

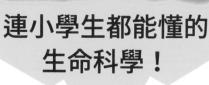

作者
陳彥榮 | 漫畫 Joker

化解硬知識，
開拓想像力

國立臺灣科技大學副校長 **莊榮輝**

在埃及壁洞中的壁畫可以觀察到，五千年前埃及人就懂得釀酒技術，這項技術，可以說是最原始的生物科技，也就是用酵母菌將果實中的糖轉換成酒精。往後無論在農業上的育種技術，或是從黴菌中分離抗生素，都帶給我們的生活一次又一次的神奇改變。

1953 年科學家發現 DNA 雙股螺旋結構，宣告基因世代來臨，分子生物學快速蓬勃發展，人類開始運用一些分子生物學的知識、基因工程的技術等，開創「生物科技時代」。第一個跨時代的基因工程商品，正是將人類胰島素基因用大腸桿菌來表現，產生胰島素，提供給糖尿病患，拯救了許多人。

隨著桃莉綿羊複製動物、人類全基因定序、基因編輯技術的演進，快速發展的生物科技開始顛覆我們對生物學的認知和想像。除了對這些科技題材感到興奮外，我們也會好奇，到底可以帶給我們什麼好處或是改變、甚至衝擊？生物科技是否可以解決我們現在所面臨的各項難題，例如正在發生的 COVID-19 病毒？一般民眾或兒童，是否能有一些管道，以更親切的方式去理解這些硬知識？

　　陳彥榮博士是我在臺大農化系任教時的學生，從他學生時代到他回到臺大任教，與他交流對談，可以感受到他對科學的熱愛，以及想要轉譯這些知識給一般大眾的熱情。後來他在《國

語日報》科學版撰寫專欄，透過逗趣的漫畫腳本，結合親切的文字與口吻，傳達一個個吸睛的生物科技事件，將生物科技的原理知識，用淺顯易懂的方式傳達給兒童，甚至給有興趣的大人。

我相信兒童需要及早知道這些最前端的生物科技知識，這將誘發他們的想像力以及對科學的熱忱，更能激發他們理解學校教學的背後目的，產生「開眼」（eye-opening）的效應。現在他將專欄內容加上部分新的篇章整理出書了，期待家長與小朋友一起翻開這本書，進入生物科技的驚異之旅。

點燃探索未來的火苗

國立臺灣師範大學附屬高級中學校長 **王淑麗**

　　本書主角 Hi 博士，就是作者陳彥榮博士的化身，他總是能用幽默風趣又創意十足的方式，來描述專業複雜的科技知識。因此我常邀請他來指導附中的學子，無論是專題研究，或是大學申請入學備審資料的準備，都非常受到歡迎。

　　近年來生物科技領域蓬勃發展，有許多新發現。從餐桌食材保健食品到先進醫療科技，一再刷新我們的視野。陳彥榮博士秉持他一貫幽默風趣的風格，讓 Hi 博士與代表兒童的阿妞，以生動活潑的對話方式，帶領兒童進入奧妙科學知識的殿堂。內容一點也不艱深，一點也不枯燥。我認為即使是國高中生甚至大人，也一定會享受這樣充滿科學刺激的旅程。

　　本書一共有 30 篇，每一篇透過 Hi 博士與阿妞的詼諧對話，

讓硬邦邦又燒腦的生物科技酷知識，搭配趣味漫畫呈現。閱讀後，我竟也開始留意生活周邊的生化產品了。「讓生化科技成為茶餘飯後聊天的酷話題，」不正是十二年國教一再強調的素養導向的寫照嗎？因此，我更要極力推薦家長和小朋友讀這本書，一探究竟了。

我從事教育工作多年，也與陳博士相識多年，深知他的教育理念。這本書就是火柴，期待在兒童心中點燃探索未來的小火苗，為自己也為這世界開創新局，這也是陳博士撰寫這本科學小書的最大初衷吧！

我十分推薦給兒童，也推薦給家長！ 親子共讀更有趣！

歡迎光臨生物科技的奇幻世界！

從 1953 年人類解開 DNA 構造的謎團開始，人類在生命科學的進展，不管是速度或是廣度，都超乎想像。雖然聽起來是很久遠之前的發現，但人類生命的奧祕，其實與我們零距離，因為它一直在我們身體裡面。這些年來，科學家開始用工程技術的方式，把身體裡面發生的事情，應用到生活周遭的產品上，帶動新興生物科技蓬勃發展。

身體裡的生命元件，不像是隨手可及的 3C 電子，也不像是大型的汽車材料，可以用眼睛直接看到。但是，我們可以像偵探一般，靠著一些工具和科學方法，來探索生物科技這個奇幻的世界。不管是我們桌上的柴米油鹽，或是藥妝店琳琅滿目的商品，甚至醫療、工業產業，都會發現由生物科技的力量推

動的產品。然而，這些生活中隨處可見的生命與生物科技，卻很少在中小學課本裡出現。

我寫「Hi 博士與阿妞」的科普故事，是受到一位日本學長的啟發；他自日本東京大學畢業後，成立一家專門服務兒童的教育中心，聘用許多博士級人才，為兒童製作教材、設計課程，教授學校沒教的酷知識。學長的這家公司，也與日本企業合作，從尋求贊助，走向教材製作商品化。他的理念很簡單，就是讓兒童知道最新、最酷的東西，用書籍、教材、課程，來引導兒童更有想像和創造力。這個想法，也讓我這個科學工作者感同身受，因為自己看到了人類在生命科學領域最前緣的發現，激起了對於未來的無限想像，這也成為我致力科學科技研發的驅動力。「如果這樣的衝擊影響了我，那更有可能影響到未來不可限量的兒童。」我如此相信。

在日本，童書不會只有大野狼與小紅帽這類的童話故事，也有很多是嶄新的科學新發現，並用兒童也可以探索的角度和文筆，呈現給兒童。也許學校不會教什麼是 DNA、什麼是半

導體材料，但這些跟生活息息相關的知識，會透過像是 NHK 電視節目，或是經過細心編製的可愛童書，一步一步開啟兒童對周遭事物的好奇心。我相信，為兒童做這些事的目的，是讓兒童站在巨人的肩上看得更遠。

書店裡各種書名、題材，都是激發我各種想像的靈感來源。在日本求學時，我喜歡在書店裡駐足，各類型的書籍都可以在書店的角落找到。

我常把我在日本學開車換駕照（臺灣汽車駕照換日本駕照要路考）的經歷當作趣談。在臺灣考上駕照後，我就沒上過路，甚至忘記了怎麼開車。但在日本，我卻可以在書店翻到一本用漫畫搭配說明的書，告訴我怎樣開車、怎樣安全的開車，這也讓我成為三四十位有經驗的駕照換照者中，成功換得駕照的三人之一。此事讓我讚嘆，日本什麼書都有！

我也因此相信，任何題材只要寫得好，就能影響到每一個人，連如何安全開車，都有書籍可以參考。當然，給青少年、兒童的好書更不在少數。

在這本書中，透過「Hi 博士」與「阿妞」的熱情演出，希望把小讀者帶入生命科學的奇幻世界中，除了知道 DNA 生命密碼書如何開啟生命的運作外，也包含這些生命科學的應用與技術發展，例如食品科學與醫藥科技，取材涵蓋生活周遭事物及最新科學發現。

　　寫作過程中，我大量降低惹人厭的專業用語，用兒童都看得懂的比喻，來讓所有非生化領域的大小讀者，能一探究竟。雖然是一本童書，但其實也是一本適合一般讀者的科普書。

給小讀者的爸媽：

　　「Hi 博士」與「阿妞」的對話，來自我的生活寫照與想像，希望讓兒童覺得科學現象很有趣，引發他們對於周遭這些看不到的世界感到好奇、想要探索。書中許多小故事來自生活，都是在蒐集文獻資料後，轉譯而成。如果對其中單元有興趣，可以上網或去圖書館挖掘更多資訊。

我永遠相信，就算是天馬行空的討論，也會激起無限的想像和創造力。

給小讀者：

　　歡迎跟著「Hi 博士」與「阿妞」，進入到這個不容易發現的生化世界，這個小世界就存在於你的身體內，或是你看得到、摸得到的周遭生活裡。很多內容真的很酷，甚至連老師或是爸媽可能也不知道。你可以聽聽看「Hi 博士」與「阿妞」怎麼說，再告訴爸媽這些你聽來的小祕密！

　　也許你會問：「為什麼會這樣？」「為什麼要那樣？」其實這些問題完全沒有「標準答案」，因為有很多小故事，包括「Hi 博士」和其他科學家都仍在努力找答案。你可以猜猜看，想想看，甚至找找看一些線索，也許可以告訴「Hi 博士」你的想法喔！

目　錄

第 3 章　生物醫學

第4章 **未來生活**

第 1 章

生命解碼

基因解碼
認識你自己

你長得像爸爸還是像媽媽？或是又像爸爸又像媽媽？到底我們的長相是怎麼決定的呢？

　　以前，人們知道「種瓜得瓜，種豆得豆」。科學家認為，可能有一種稱為「遺傳物質」的東西，可以把爸爸、媽媽的長相和特徵傳給下一代。後來的科學家陸續發現這些遺傳物質，並把它叫作「基因」，也發現這些基因就記錄在 DNA 上。

　　DNA（Deoxyribonucleic acid，去氧核醣核酸），是身體裡記錄遺傳密碼的物質，由四種不同的「核苷酸」串成（可簡寫成 A, T, G, C）。近代的生化學家發現，這四個 A、T、G、C 串起來的各式各樣的組合，不斷連接下去，竟然隱藏了製作

身體各式各樣元件的藍圖，這也成為細胞內記錄各式各樣元件的密碼書。

按照密碼書，就可以製造另一個阿妞？

以目前科學家的技術來說還辦不到，但天然的生命形成就是依據這樣的藍圖呀！

DNA 的四個成分，除了可以各自串連成為直鏈，也會與特定的成分進行配對，例如 A 會和 T 配對，G 會和 C 配對。當配對形成後，就會讓兩條直鏈形成一個有規則的「雙股螺旋狀」。

1953 年，科學家華生和克里克證實了 DNA 的雙股螺旋結構。這個發現，讓科學家可以很清楚的觀察 DNA 的長相與立體構造，讓生命科學進入新境界。彷彿原本科學家只能在黑暗中摸索，現在突然開了燈！

DNA 上的密碼又多又長，還有很多看起來不像是身體可以用的密碼夾雜在裡面，這些都影響生命科學研究和醫學研究

的進展。然而，科學家還是需要明確的找到「原來我黑頭髮的基因是寫在哪一頁，我的捲髮基因又寫在哪一個區塊」，或是哪種疾病是哪個基因出了問題，將來才能更準確的開發藥物或了解生命。也因此，基因解碼一直是重大工程，**畢竟人類的密碼多達三十億種編碼！**

多年前，科學家開始有系統的研究 DNA 這本生命密碼書，終於在 2000 年，由出身自臺灣大學生化科技系，任職於美國國家衛生研究院、美國賽亞基因公司的陳奕雄博士，與他領軍的國際團隊共同解碼，發表了人類全部的 DNA 密碼，將三十億種密碼公諸於世。從此，基因科技進入了一個新紀元——「基因體世代」，讓科學家更容易研究疾病形成的原因。

哈！那博士的密碼就被大家看光光了！

基因解碼可以幫助大家更了解生命科學。除了人類、水稻、實驗鼠外，哪天就輪到和尚鸚鵡啦！就可以知道為什麼你這麼多話！

誰搬進我的大腦……誰綁住我的手腳……是DNA……唱我反調

阿妞，怎麼那麼High呀！

我最喜歡五月天這首〈DNA〉了，每次都讓我渾身充滿能量！

哈哈，原來你也有搖滾的DNA，難怪這麼會跳舞！

對呀，上次海豹阿明送我一罐DNA，他說我吃了會更聰明，沒想到是讓我更會跳舞。

那應該是有DHA的魚油吧！

DHA 吃了會變聰明，那DNA也可以吃嗎？

你太貪吃了！DNA是爸爸媽媽給你的，讓你可以長得跟他們很像啦。

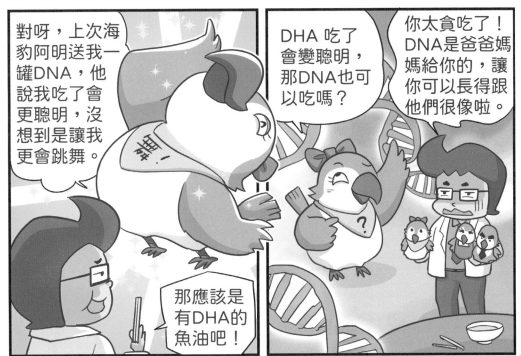

基因綑綁
這一招改變細胞的命運

如果把 DNA 密碼書隨意綑綁，會發生什麼事？

　　有著長鏈結構的 DNA 雙股螺旋密碼書，平常就像上鎖一樣，會綑綁鎖在一些稱為「組蛋白」的蛋白質上面，在上面纏繞以後收藏起來。如果用高倍率顯微鏡觀察，就可以看到這些纏成一球一球的密碼書喔！這些一球一球的纏繞構造，會持續綑綁成粗粗的一大條，也就是「染色體」。染色體數目也會因應生物種類而有不同。像人類有二十三對（四十六條）染色體，狗和雞都是三十九對染色體，果蠅則有四對染色體。

　　人類的每個染色體大小都不太一樣。其中有一套是性別染色體，我們稱為 X 染色體和 Y 染色體。男生這個第二十三套染

色體是 XY 的組合，女生是兩個都相同的 XX 組合。染色體的外觀，也可以成為醫生做健康檢查的判斷。像是有些癌細胞的染色體會斷裂，有些疾病則是多了一條染色體。可想而知，密碼書多寫了一本，藍圖就會大大的不同，照著這個藍圖製作細胞元件，當然就會生病。

博士博士！DNA 密碼書綑綁起來是不是防止大家偷看？

哈哈，沒有人可以輕易看到密碼啦！

　　DNA 密碼書纏繞後，的確是有防止「被偷看」的功能。比方說在皮膚細胞裡，只有一些跟皮膚相關的密碼書會被打開來「解密」，讓皮膚細胞可以依據這個打開的基因藍圖工作，製作出需要的細胞成分。但是在肝臟的細胞裡，這些跟皮膚細胞相關的密碼就會再度被纏繞，不容易被肝臟細胞的製造系統「偷看」到，肝臟細胞就只會依據裸露出來的肝臟細胞密碼藍圖，製作出需要的元件喔！這些特定的纏繞，看起來很簡單，但最近的科學研究也發現，這些防止「被偷看」的功能，竟然也成為一種基因開關的方式。

這麼說來，如果組蛋白把 DNA 綑綁愈緊，密碼書就愈不容易被偷看了？

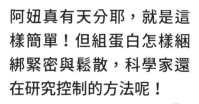

阿妞真有天分耶，就是這樣簡單！但組蛋白怎樣綑綁緊密與鬆散，科學家還在研究控制的方法呢！

有沒有想過，如果把 DNA 給「亂綑」或是「胡亂解開」會怎樣？其實科學家也發現，當細胞要改變命運時，可能需要精密的把特定組蛋白跟 DNA 分開。例如 2012 年諾貝爾獎得主山中伸彌博士，從體細胞製作了多能幹細胞。很多科學家發現，山中伸彌博士使用的四個因子會影響組蛋白的特性，來改變 DNA 的綑綁。

當四個山中因子放到皮膚細胞內，竟然使原本皮膚細胞內被綑綁的幹細胞密碼區域裸露，而原本皮膚細胞的 DNA 密碼區域反而被綑綁起來。細胞依據這些製作幹細胞元件的 DNA 密碼藍圖來工作，最後「皮膚細胞」就變成「幹細胞」了！

想不到綑衛生紙也這麼有學問。

是 DNA 的綑綁啦！

阿妞你在做什麼？

啊～～！是風把衛生紙吹到地上的啦！

是嗎？

不好意思啦，我是想說如果在衛生紙上寫滿密碼，該怎樣收好……

喔，其實跟滾筒衛生紙很像呀！

密碼書跟衛生紙很像？這樣很沒價值耶！

長長的DNA是可以像衛生紙一樣綑綁起來呵！我看看你寫了什麼密碼？

阿妞，我看你是玩衛生紙吧！還跟我說你在想DNA的問題！

下次不敢了！

限制酶與連接酶
剪剪貼貼的遺傳工程

DNA 是兩條雙股螺旋結構，如果被剪斷怎麼辦？

前篇跟大家談過，生命密碼書是由代號 A、T、G、C 四種化學物質串起來，形成有意義的密碼藍圖。閱讀密碼藍圖，就可以讓細胞核內的蛋白質工人依據藍圖，製作細胞需要的蛋白質，讓細胞能流暢的運作。也就是說，這些密碼書撰寫著「如何產生蛋白質」的密碼。

那麼，如果想應用這些蛋白質的話，是不是直接把密碼書取來，直接閱讀藍圖，就可以生產出想要的蛋白質呢？早在 1978 年，美國 Genentech 這家公司就利用這樣的想法，把人類的「胰島素」密碼放在細菌裡，讓細菌生產人類的「胰島素」。

胰島素是
吃的嗎？

不是啦！胰島素是一種荷爾
蒙。長期缺乏胰島素，會導致
糖尿病。有一類糖尿病患者必
須常常注射胰島素，來控制血
液中的血糖呢！

　　利用細菌來生產人類的蛋白質，最重要的挑戰，是如何將

人類 DNA 密碼書放入細菌細胞內。這個過程，又可以稱為「遺

傳工程」。

　　「遺傳工程」的技術能夠突破，是因為科學家發現，有些

特別的酵素 ——「限制酵素」（限制酶），會辨識密碼書上特別

的密碼序列，還可以把那段密碼「剪」下來。同時，也發現「連

接酵素」（連接酶）可以把剪斷的密碼書「接」回去。所以用

這兩種酵素，就可以把密碼書任意的「剪下」和「接回」。

　　大多數的限制酶，就是從細菌內找到的。只要找到一種限

制酶，就代表可以剪下一個特定的基因密碼序列。例如來自大

腸桿菌的 EcoRI 限制酶，可以辨識 GAATTC 的密碼序列，

當 EcoRI 看到密碼書上有 GAATTC 時，就會從 G 和 A 之間，

把密碼書之間的化學連結剪斷！

它們該不會
亂剪一通吧！

當然有可能！但辨識的密碼長度稍長
時，就不太容易發生，也不會剪得太
碎！就跟我們設定密碼一樣，如果密碼
只有三個數字，很容易被破解，但如果
是十個數字就很難破解啦！

　　目前被科學家使用的限制酶有上百種，其中有剪四碼的，
也有辨識八碼的，一般常用的是六碼，這樣在上千萬個密碼序
列中，遇到相同密碼的機率就會降低，所以不會剪得太碎。

　　當限制酶剪下密碼書的片段後，如果又想接回去，就要看
是不是有剪接口可以配對。如果能夠配對，就可以利用「連接
酶」，像膠水一樣，把密碼書接起來！至於剪接後，又該怎樣
放進細菌裡，讓細菌可以閱讀密碼書？讓酷知識 04 告訴你！

想不到可以剪接密
碼，那我想把不要
的密碼剪掉！

不可以亂剪啦！
萬一剪錯，你的
嘴巴就不見了！

拯救世界就靠我！哈哈！

咻！！

這段演得好！

卡！

Hi博士，給你看我的演技。

喔喔喔！！

吼一！！

我是演超人耶！

哈哈

竟然被剪接成怪獸哥吉拉！

哈哈哈

基因載體
細胞改造的操作手冊

> 要怎麼樣才可以讓不同的細胞結合在一起？

上篇我們談到，科學家發現細菌中可以分離出一些特殊酵素，也就是負責「剪」、「接」DNA 密碼書的「限制酶」和「連接酶」。這兩個酵素可以辨識有特定編碼的區域，一刀剪下；還可以依據 DNA 密碼書 A-T、G-C 的配對，將剪斷的 DNA 接合起來。所以，如果知道水母有螢光基因，就可以將製作螢光蛋白質的密碼書，從水母密碼書中剪下來，再放到熱帶魚細胞內，製作出螢光魚。

既然這麼方便，Hi 博士你也做個和我一樣的翅膀。

做翅膀很複雜，也許未來有可能吧！

事實上，剪下來的 DNA 密碼書，就像從書上撕下一頁那樣沒頭沒尾，在沒有整理過的情況下，放到細菌、熱帶魚、人類的細胞內，都不能被閱讀。所以科學家得想個辦法，讓這些剪下來的密碼書，能讓想「改造」的細胞、生物可以閱讀。

最後想到的好辦法，是由科學家自己寫一本小小的「完整 DNA 密碼書」。這本小小的 DNA 密碼書，是模仿要改造的那種生物的閱讀方式來撰寫。

試著想想看，寫給兒童閱讀的書，是不是可以讓字大一點，圖多一點，文字少一點？同樣的道理，要把水母的螢光基因給細菌閱讀，就必須符合細菌細胞能閱讀的方式來製作這本書。這本小書，就稱為「基因載體」。這種載體，通常是由 DNA 片段構成的圓形密碼書，會在圓圈上設計一些能被限制酶切斷的地方，方便科學家將想要的 DNA 密碼書剪接進去。

嗯，是類似的概念呵！就是把剪下來的特殊密碼書放到載體上，「載送」到細胞裡。

載體是什麼？是像小船還是車子？

細胞是依據自己的基因密碼書維持生命運作。如果我們把其他的 DNA 密碼書隨意剪接上去，很容易破壞原本的密碼，導致細胞無法運作。但是，載體就像「獨立」的密碼書，細胞內的蛋白質工人會過來翻閱，照著載體上的記錄試著做做看，並不會影響到原本的細胞密碼書。

不過，細胞那麼小，又不喜歡外來的密碼書，科學家要怎麼知道載體真的有被保存在細胞裡，而且有被利用呢？方法就是在載體內放上「解毒密碼」。擁有解毒密碼的細胞，就能在藥物培養的環境中存活下來！

載體好可憐，只能在美麗的細胞世界的小角落畫圈圈。

嘿嘿，科學家也有製作一些像間諜一樣的載體，可以進入細胞的大型密碼書呵！下次再跟你說。

基因重組
病毒與細胞的間諜遊戲

醫生說感冒是因為身體有病毒，那為什麼病毒可以躲在身體裡？

前篇我們告訴過大家，可以將人類想要細胞製作的蛋白質（例如讓魚的細胞產生「螢光水母」的螢光基因），放入小小的基因載體，再送進細胞裡，這樣細胞就可以發出水母的螢光。

然而，這裡出現了一個很大的問題，這些用載體送進細胞的小小 DNA 密碼書，因為是「外來的」，隔了一段時間後，就會被丟到細胞外，避免產生錯亂。

想不到，偷偷叫細胞做我們想做的事，也會被發現？

沒錯！細胞很聰明的！

但科學家又發現，當人類被「病毒」感染時，病毒的密碼書竟然可以潛藏在細胞裡很久（也就是病毒的「潛伏期」）。為什麼細胞沒辦法把病毒的密碼書丟掉？那是因為有些病毒會用一些「特殊的方法」，把自己密碼書的內容偷偷寫進細胞的密碼書裡，而且不會被細胞內的蛋白質工人發現！

簡直就是臥底！

這就是病毒厲害的地方！

病毒用的方式就叫「基因重組」，就好像把一本裝訂好的書細心拆開，再偷偷把其他書頁（病毒的密碼書）安插進去，接著用釘書機釘起來那樣。也就是說，病毒利用了細胞本身的「基因重組酵素」工人來幫忙。在平時，這樣的酵素是用來幫助細胞 DNA 密碼書做整理，再給細胞閱讀的。

但是一旦被病毒利用就慘了！

你搶了我的臺詞！

利用基因重組酵素，方法是從密碼書的特定密碼著手，比方說，當兩個「相同 DNA 密碼內容」靠在一起時，基因重組酵素工人就會把兩個內容「交換」。

用密碼書來解釋，如果要把一張新密碼安插進整本密碼書，就要把新密碼書前面幾句話跟後面幾句話，都寫得跟原密碼書中其中一頁的前後句子相同。基因重組酵素工人看到前後都一樣，就會把書本那頁撕下來，把另一頁密碼書安插進去。

因此，病毒的密碼書會有幾句話寫得跟細胞內部的密碼書一樣，被安插到密碼書裡後，細胞就丟不掉病毒了！

這樣說來，如果我們要讓細胞一直發光，就要在發光基因密碼前後，寫下跟原先的密碼書完全相同的幾句話，就會被「安插」進去咯！

阿妞果然聰明！

從生命科學走向生物科技

「生命科學」和「生物科技」，有什麼不一樣？

生命科學，是傳統生物學的延伸，包含生物的分類、演化、解剖構造、生理或是遺傳等相關研究。隨著科學進步，這些傳統生物學的研究也開始用精準的方式、精準的尺度和精準的分子角度去探索。也因此從生物學開始，加上了「科學」的名詞與概念，慢慢的演變成「生命科學」

1953 年，科學家解開了 DNA 的結構，人類更了解生命科學，並開始用基因工程的方式，改變生物的遺傳密碼，讓生物可以替人類做事情。這些幫人類做事情的新生物工具，就衍生出「生物科技」這個新領域。但是，其實在五千年前，埃及人製酒，就是用酵母菌產生酒類給人飲用呢！所以生物科技是老科技，也是新的科技！

第 2 章

食品科學

人造牛肉
用幹細胞就把你餵飽

要如何透過細胞培育出牛肉呢？

2013 年 8 月 5 日，當時世界上最貴的牛肉正式端上餐桌。這塊牛肉不是從聽音樂、享受按摩的牛隻身上取得，也不是來自生活在寬廣草原上的牛；而是在生化實驗室裡，由一些細胞慢慢培養而成，並在廚師精心調配下，做成要價上千萬的「漢堡牛肉排」。

阿妞你想想，不見得到處都可以養牛呀？

Hi 博士，養牛就好了，為何要這麼麻煩又這麼昂貴？

這個漢堡牛排，除了一些幫忙形成牛排的原料，像是增加顏色的番紅花還有甜菜汁，或是幫忙形成肉塊的雞蛋粉等，其餘的部分都是由實驗室培養的「肌肉細胞」所構成。這些肌肉細胞的源頭，則是「幹細胞」。

「幹細胞」是身體裡面幫助修復器官和組織的原始細胞，當我們每天使用身體，就會讓我們的細胞老化和死去，這時候就需要「幹細胞」分化、分裂，製作出新的細胞。在發育過程，幹細胞也是身體所有細胞的來源喔！

我以為肌肉細胞可以自己生出新的肌肉細胞耶！

身體的很多細胞，並不會再複製生長，要補充就得靠幹細胞了。

因此，當實驗室需要大量的肌肉細胞時，如果可以獲得「幹細胞」的話，只要靠著幹細胞的強大生命力（更新複製）與形成肌肉細胞（細胞分化）的能力，就可以成為需要大量肌肉細胞的人造牛肉的源頭。

發明這個人工漢堡肉的科學家，就是從兩頭牛身上分離出幹細

胞，並且在實驗室裡，添加一些刺激細胞增長的「生長因子」與「荷爾蒙」等成分，讓這些幹細胞大量增生，分化成數兆個肌肉細胞，而這些肌肉細胞會繼續形成成熟的肌肉纖維。之後，再給予一些細胞長大需要的胺基酸、醣類與脂肪。這些肌肉纖維會開始收縮、纏繞，最後慢慢擴大開來，形成環狀的肌肉組織。科學家再用這些肌肉組織，製作人造漢堡肉餅。

這樣要花多久的時間呀？

要花三個月喔！不過算一算，比一頭牛的生長時間來得快呢！

然而，該如何讓人的細胞或是牛的細胞在培養皿中大量增長呢？這個技術，最大的挑戰在於，如何模擬出身體裡面的條件。

一顆細胞在身體裡面，可以靠著血液供給養分。這些血液，會經由微血管延伸到器官組織中，再把氧氣、荷爾蒙、各式生長因素、胺基酸、醣類與脂肪等等，透過細胞最外圈的「細胞

膜」上面的傳輸通道、接受訊息的受體天線等，來告訴細胞要生存、分化或是走向死亡。

因此，在培養皿中，如何能夠模仿在身體裡面，將需要哪些養分，需要哪些訊號，正確傳遞給培養皿中的細胞，就成為是否能夠培養與控制細胞的關鍵。另外，細胞可能愈長愈多，在培養皿沒有類似血管的運輸幫忙下，如何讓每個細胞團的內部也吸收到養分，也是這個技術的瓶頸。

你們人類好奇怪喔，喜歡吃這種不天然的肉。

哈哈，如果有這項技術，也許以後可以解決糧食問題，甚至在惡劣的環境或是外太空，都能製造出牛肉呵！

真棒，抽中這次的太空旅行。

博士～不是科技訪問的行程嗎？怎麼會是出來玩呢？

歡迎蒞臨摩卡星球！

這裡好科幻喔！

這是跟地球有長期合作的外星國家喔！

這是我們的科技農場，因為沒有辦法養牛種蔬菜，所以我們都是用生化方式，進行細胞培養。

所以攪一攪，玻璃瓶裡面就可以長出豬腳呀？

聽說這些都是用生物反應器做出來的肉和蔬菜。

呃……博士，還好我有帶我的地球飼料。

無菌封裝
揭開罐頭長壽的真相

為什麼在電影裡，放了好久好久的罐頭還可以吃？

生活周遭有許多細菌，這些細菌會在空氣中飄來飄去，如果停在有營養的食物裡繁殖，就會讓食物腐壞。一旦我們把這些食物吃下肚，就會一直跑廁所，甚至得去醫院看腸胃科了！

再回到餐桌上看看，媽媽昨天才買的魚罐頭，保存期限竟然有一年之久！魚類不是烹飪後就得趕快吃掉，或是得馬上冷藏，才能維持一兩天的「賞味期限」嗎？為什麼罐頭食物可以存放比較久？

這還不簡單，罐頭裡面烏漆抹黑的，細菌才不想進去住。

罐頭裡黑黑的，是因為包得密不通風啦！

罐頭的製作會經過一道「殺菌」程序，當食材中的細菌被殺光光後，再放到無菌、密封完整的金屬罐頭內，就沒有任何細菌存在，食物當然就不會敗壞。

將近兩百年前，科學觀念還不像現在這麼普及，法國微生物學家巴斯德想要證明，空氣中的細菌是食物腐敗的元兇，就做了一個鵝頸瓶的實驗。他將肉汁放到一個具有彎曲玻璃管的瓶子（鵝頸瓶）裡，瓶子的管子一邊是開通的，可以連結肉汁與外界空氣，然後把肉汁用酒精燈加熱到沸騰。之後放了一兩年，這個肉汁竟然都沒有腐敗！

巴斯德一定放了防腐劑！

雖然防腐劑可以殺菌，但是他並沒有放防腐劑呵！

幾年之後，他把彎曲的玻璃管打斷，結果肉汁沒多久就腐敗了。巴斯德的實驗證明了一件事：空氣中的細菌會飄落下來，

如果不讓這些細菌有機會接觸「已經殺菌的食物」，食物就不會腐敗。

巴斯德的發現，改進了後人的食品保存方式。由於巴斯德對微生物學有很大的貢獻，他也被稱為「微生物學之父」。但其實巴斯德還有很多科學上的其他貢獻，像疫苗、疾病的預防等發明。

罐頭食品之所以能保存很久，是因為食材先經過加熱、煮熟，在沒有細菌的環境下，封裝進由錫金屬製作的白鐵皮罐。這樣一來，除非罐頭受到破壞，不然不需要加防腐劑就能放很久。

另外，可以放在室溫中保存很久的「保久乳」，也是因為經過長時間殺菌，再利用無菌包裝材料包裝販賣。

難怪保久乳味道怪怪的，原來是少了細菌的味道。

不是這樣啦！食物經過滅菌過程，往往會有一些成分轉換，會有不同於鮮奶的味道產生。有些人就是愛這樣的味道呢！

我翻滾～～

阿妞，你幾天沒洗澡了？

上禮拜洗得很徹底，可以撐10天！

那我去洗澡！

對了！阿福說等一下要來。

拜託讓我先洗！

高溫殺菌
延長食物的新鮮度

要如何才能殺死牛奶裡看不見的細菌？

上篇我們提到，食物經過殺菌處理後，如果處在密封無菌的環境中，可以保存很久。因此，如何殺菌或滅菌，是食品販售相當重要的一環。我們知道，加熱可以殺菌，並除去食品中的微生物，讓食品保持新鮮。然而，加熱過程也會讓食材產生物理與化學變化，可能讓食物變得不好吃，也可能失去原有的營養成分呢！

人類為了吃，
還真不嫌麻煩。

我們習慣
吃熟食呀！

殺菌的方式很多，比方說用高能量的放射線、紫外線、化學藥劑或加熱等方式殺菌。不過，食品多半是採用加熱殺菌。要了解如何讓食物無菌，就必須知道怎樣才可以撲殺細菌。某些細菌內部會產生「內孢子」，所以殺菌更需要特殊條件。

「內孢子」是細菌因應環境危機，將自己的 DNA 藍圖存放在細菌細胞內的特殊構造，非常強韌。因此，需要特別的溫度和壓力來對付——也就是攝氏 121 度，持續 15 到 20 分鐘，這也是製作罐頭的滅菌條件。

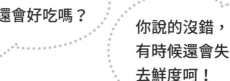

高溫烹煮後，東西還會好吃嗎？

你說的沒錯，有時候還會失去鮮度呵！

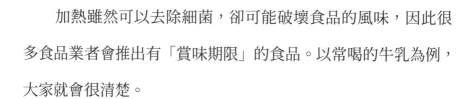

加熱雖然可以去除細菌，卻可能破壞食品的風味，因此很多食品業者會推出有「賞味期限」的食品。以常喝的牛乳為例，大家就會很清楚。

牛乳從乳牛身上擠出來後，可以利用持續高溫滅菌，如果裝填到無菌包裝中，就是「保久乳」。然而，這種滅菌方式可能改變保久乳中的一些成分，甚至改變風味，使口感變得比較醇厚香甜。你仔細看看鮮乳瓶子上的標示，會發現滅菌的溫度好像跟保久乳不同呵！

難怪隔壁王伯伯不喝鮮乳，他都抱怨會拉肚子！

那不是細菌的問題啦！是王伯伯的腸子不能處理鮮乳中的「乳糖」，又稱為「乳糖不耐症」。

　　鮮乳的殺菌方法，常見的可以分為「高溫短時間加熱」、「超高溫殺菌法」（Ultra High Temperature, UHT）等。以高溫短時間加熱來說，殺菌溫度為攝氏七十二度到七十五度，時間大約在十五秒到一分鐘。

　　這種殺菌方式對牛乳的蛋白質破壞較少，也可以保存牛乳

原有的風味，但是保存期限比較短，大概只有七到二十天。

　　另外，超高溫殺菌法的殺菌溫度為攝氏一百二十五度到一百三十五度，進行殺菌時間只有短短的幾秒鐘，然後就急速冷卻，這樣可以殺死百分之九十九點九的細菌。在低溫下，鮮乳可以保存三十到六十天。一些國外進口的鮮乳，就是利用超高溫殺菌法，可以保存較久，但仍是鮮乳，不是保久乳。

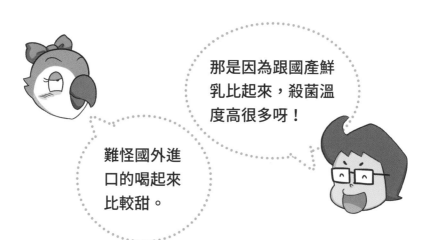

那是因為跟國產鮮乳比起來，殺菌溫度高很多呀！

難怪國外進口的喝起來比較甜。

酵母菌
讓麵包蓬鬆的魔法師

鬆軟的麵包是怎麼做出來的？

「這是冠軍師父做出來的麵包耶！」「這麵包是天然酵母發酵出來的！」口耳相傳的「冠軍麵包」，一定充滿香氣，讓人忍不住食指大動。想像看看，這些鬆軟 Q 彈麵包的祕密是什麼？

麵包最主要的原料，來自小麥。小麥製成麵粉，可以依據麵粉中蛋白質的多寡，分成高筋麵粉、中筋麵粉和低筋麵粉。中筋麵粉，蛋白質含量在麵粉中大約排在中間，多半用來製作饅頭、水餃皮或麵條。低筋麵粉因為蛋白質含量低，相對鬆軟，則適合用在蛋糕類點心。高筋麵粉則是蛋白質含量較高的麵粉。

別說了……
我好想吃。

哈,那你先吃
幾口麵包吧!

「麥蛋白」(glutenin)」和「麥膠蛋白」(gliadin),是麵粉中主要的蛋白質成分,也是造成各種口感的主要原因。麵粉加水後搓揉,麥蛋白和麥膠蛋白便會和周邊的麵粉分子形成化學鍵結,組成三度空間的結構。就像海綿一樣,這些三度空間中會形成孔洞,孔洞會添上麵粉中的澱粉或水。當麵粉來回搓揉,這些三度空間的構造就會愈來愈複雜,空氣也會不斷被揉入麵團中。

所以麵包師父揉麵團,也有祕密在裡面?

沒錯,因為特殊的力道手法,可能會讓結構不同,口感也不同。

單靠搓揉形成的麵包,其實比較扎實且 Q 彈,像常吃到的薄皮披薩,就是這類麵團製成的餅皮。那怎樣才會蓬鬆呢?就要靠酵母菌來幫忙!

酵母菌有許多功能,也常被用在食物裡,例如酒類或麵包。

有人猜測，可能是古人不小心讓麵團沾到酵母菌，酵母菌在麵團中發酵，產生二氧化碳，讓整個麵團變酸。古人不想暴殄天物，繼續拿去烘烤，而意外製造出鬆軟的麵包。

他們會留一個小麵團叫做「老麵」，再混到新麵團裡，就能讓酵母菌繁衍下去呀！

古人有顯微鏡可以看到酵母菌嗎？怎麼保存酵母菌？

除了酵母菌，也有麵包師父用小蘇打粉產生二氧化碳，進一步酸化麵團，同樣能產生類似酵母菌的效果。有些麵包店標榜使用「天然酵母菌」，但酵母菌本來就是天然的微生物，所以不管使用怎樣的酵母都可以說是天然的。加上現在微生物學進步，更可以精準的知道該使用哪一株特定的酵母菌。

那過期的麵包為什麼會變難吃？

那是因為麵包的三度空間結構經過時間而改變，也可能是澱粉產生結晶，就會讓口感變差啦！

人好多，真懶得排。

得到麵包大賽冠軍的麵包師傅開的，一定要嘗嘗看！

我一定要排到！

別跟我搶貓熊麵包！

幼稚！大人還搶兒童麵包。

你……流口水了耶。

咕嚕

啊叫

來試吃唷！

阿妞，你又不是鴿子！

乳酸菌
守護腸道健康就靠它

乳酸菌為什麼可以維持腸子健康？

生活中常見的養樂多、優酪乳、優格，都屬於「益生菌飲料」。乳酸菌，則是「益生菌」中重要的細菌之一。這些含有乳酸菌的飲品，都可以幫助消化、調節腸道細菌組成，讓我們的腸子健健康康。

乳酸菌有很多種，常見的是乳酸桿菌、鏈球菌、念球菌等。從名字來看，就知道它們大致的長相是桿狀或圓圓的球狀。

原來細菌也有好的。

對呀！它們有很多厲害的特殊能力！

我們的腸子裡住了很多不同的細菌，如果我們常吃不新鮮的食物，食物上面的壞菌就可能停留在腸子裡，還會釋放毒素，讓我們腸子不舒服，甚至肚子痛、跑廁所，大便也會臭臭的。所以我們會希望多吃一點乳酸菌，讓乳酸菌在腸子裡對抗這些壞菌。

這些乳酸菌有多厲害呢？除了可以跟壞菌搶地盤，不讓壞菌停在我們腸子裡，也會跟這些壞菌競爭食物，讓壞菌沒有東西吃。此外，乳酸菌會分泌很多抗菌物質，讓壞菌渾身不自在而不再作怪。這樣一來，我們的腸子就可以健健康康的。而且，有的乳酸菌會和人體互相作用，調節我們的免疫功能，減緩身體對環境的過敏。

那麼厲害！我也想讓乳酸菌住在我肚子裡！

有些獸醫會建議給腸胃生病的動物吃一點乳酸菌！

乳酸菌是從哪裡來的？這問題的答案，就藏在乳酸菌喜歡居住的環境中。乳酸菌是很挑食的細菌，除了維持能量的醣類外，也需要各式各樣的胺基酸、維生素等來幫助生長。

跟人類不同的是，在自然界中，乳酸菌喜歡在沒有氧氣的環境下生存，像是動植物的分泌物（如乳汁、樹液），或森林樹叢下的枯葉堆積處等，都是乳酸菌生長的天堂。因此，在動物的消化道、糞便、植物殘骸、水果損傷的地方，都可以看見乳酸菌的蹤跡。

但是……在便便裡的乳酸菌不會臭嗎？

分離後，把它們放到乾淨的地方培養，就會有乾淨的後代啦！

利用乳糖或其他醣類等，就可以在乾淨的地方培養乳酸菌，再把它們繁殖的下一代用於食品，像標示含有活菌的養樂多或優酪乳等。

也因為優酪乳中的菌是「活的」，我們在家裡也可以用一點優酪乳和牛奶，搭配電鍋，來大量繁殖乳酸菌，製作健康的優酪乳來喝喔！

麴菌發酵
為什麼醬油有鮮味

家裡一定會有的醬油，是怎麼做出來的呢？

在料理過程中，醬油是重要的調味料，各位有沒有想過，醬油到底是不是「油」呢？吃起來好像不是。那麼「醬油」到底是怎麼做出來的？

醬油原料來自大豆，也就是豆漿的原料，但是為什麼味道不像豆漿呢？事實上，醬油可是經過多道程序才形成的調味料，是亞洲特有的味道。

醬油黑黑的，是不是發霉壞掉的產品？

其實有一點點接近呵！

正確來說，醬油是由「麴菌」代謝轉換大豆而生的產品。這種麴菌，就是米麴菌（*Aspergillus oryzae*），又名米麴黴菌，和一般常見的黴菌一樣，都屬於「真菌」。麴菌在日本有「國菌」的稱號，因為日本有很多的食物都是由麴菌產生的，包括醬油、味噌或一些酒類等。

透過麴菌轉換大豆的過程，就稱為「發酵」。簡單來說，發酵就是麴菌吃了大豆，分解大豆裡面的蛋白質，產生胺基酸，就是這些胺基酸構成了「鮮味」，成為醬油獨特的味道。

博士，如果你發霉，你就是小鮮肉了！

阿妞，你很會耍嘴皮呵！

「鮮味」是怎樣的味道呢？鮮味其實是在最近幾年才被科學家定義的，它和甜味、酸味、苦味、鹹味並列五味之一，都能由特定的感覺神經來傳遞。鮮味的發現者是日本科學家池田菊苗教授，日文或英文都稱「鮮味」為 Umami，在日文裡的意思，就是指美味可口的味道。

像麴菌這樣的微生物，可以產生各種分解蛋白質的「酵素工人」，而製作醬油，就是利用這些菌體分泌出來的酵素，作用後所產生的液體。換句話說，如果是不同的麴菌，就可能產生不同的風味。這樣製作出來的醬油，被稱為「純釀造醬油」，也就是由生物轉換所產生的醬油。

那「化學醬油」又是怎麼一回事？

就是用化學的方式製造的啦！

透過麴菌生產醬油，需要一段時間讓麴菌生長和反應。為了節省時間，於是就有了化學醬油。廠商利用鹽酸分解大豆中的蛋白，再添加一些胺基酸調整味道，只要短短一個星期就可以製造出醬油，所以被稱為化學醬油。這種方法在食品製造上是合乎規定的，不過就不可以宣稱是天然釀造。

製作醬油除了利用大豆來當原料外，也有利用新鮮的魚或蝦，讓特定的微生物發酵產生鮮味液體的調味料。這在東南亞很常見，就是被稱為魚露或蝦醬的調味料，它們產生的原理和醬油是一樣的。

食品生技
我們要吃得開心又健康

地球上的人愈來愈多，環境受到嚴重的考驗。大家要如何才能吃得健康又開心呢？

　　我們每天吃的食物，隨著科技發展，也慢慢變得有點不一樣。從以前五顏六色的糖果罐，轉變成要吃得健康、吃得營養，更要吃得好吃。要讓「吃」變得有趣，需要引進新的科技到食品科學領域中。

　　對於許多人來說，夏天吃冰是最開心的事情之一。仔細觀察便利商店琳瑯滿目的冰品，就可以看到裡面有各種不同的技術。有的是雪糕，有的是香醇濃郁的冰淇淋，有的充滿豐富的水果味，有的是冰淇淋中含有一些小碎冰晶，吃來更爽口、更

不覺得膩。這些都是食品科技為飲食帶來的樂趣。

博士你講那麼多，不覺得要喝一杯嗎？

那給我一杯不含酒精的啤酒吧！

　　生物科技在食品科學裡，發揮很大的作用，例如電視上常見的健康食品廣告。什麼是「健康食品」？其實必須符合一定的規定與認證，才可以稱為「健康食品」。健康食品的用途，就是可以改善人體某些不健康的狀態。

　　例如改善腸胃道，讓我們每天都有漂亮的便便；或是讓我們的血液可以不會油油的（降低血脂），降低膽固醇；或是增強我們的免疫力。

　　這些健康食品可能是透過生物科技的方式創造出來，讓你吃一小顆小丸子，發揮保健功效。我們可以從可食用的植物中提取特定的有效成分來當作保健食品，或是利用安全的細菌，產生特殊的代謝物質來促進健康。甚至，像是黃金米，用基因

工程的方式，將 β- 胡蘿蔔素放入稻米中，改善貧窮地區人民的營養狀況。

阿妞！那是你愛吃的吧！

想不到烤香腸有這麼多學問。

　　現在也有很多新的食品問世，例如「植物做的漢堡肉」，這是食品公司為了減少二氧化碳排放想到的解決方法。你一定想成是吃素的人才會吃的素肉，其實兩者口感差很多。養牛會造成很大的二氧化碳排放，成為地球溫室效應的成因之一，加上「牛吃草，再轉換成肉」效率其實偏低。此外，素食主義者或是因宗教理由不吃葷的人也不算少數。

　　於是這些食品公司想到，如果直接把植物變成肉，是不是一次解決兩個問題，提高經濟價值？所以他們就用豌豆、馬鈴薯等材料（跟肉一樣，富含蛋白質）加工，利用多道手續，讓豌豆呈現肉的口感，之後再用甜菜的色素，讓植物肉的顏色跟真的肉一樣，「植物肉」就真的問世了！

人類很多疾病都是環境因素造成，吃是很重要的一環。將生物科技用在食品科學，不僅讓我們可以吃得開心，更重要的是吃得健康。透過食品改善貧窮地區人民的健康、地球的環境問題，讓我們遠離疾病，這些都是食品科技的新議題。

講那麼多，我肚子都餓了。

唉～下次我要發明十天只要吃一次的飽飽丸。

第 3 章

生物醫學

流感疫苗
抵抗病毒的霹靂小組

為什麼還沒生病前，就要先打針？

人的身體，就好像是一座城堡，這個城堡有許多「軍團」和「警察」維持城堡的安全。這些軍團和警察，就是我們的「**免疫系統**」。當外來微生物、病毒大軍入侵時，身體裡面的免疫軍團，比如說**白血球大軍**，就會攻擊這些微生物、細菌、病毒等。

但是這些免疫大軍，需要透過訓練，才可以有效的對付外來的敵人。因此，當身體遇到「新敵人」的時候，首先要適應，比方說看看新敵人的長相及裝備，接著得選擇適當的好武器，然後再針對這些新敵人進行反攻。

我們生病的時候，就是免疫大軍在「認識」和「訓練」的階段嗎？

沒錯！所以我們要趕快休息，讓身體裡的免疫大軍可以調整好狀態。

當「新敵人」入侵時，如果身體裡沒有厲害的軍團對付，就必須靠普通的軍隊對抗。一旦外來的敵人太強大，身體就會被破壞，病症加重，有時候甚至會有致命的危險！

因此，最好能讓免疫大軍事先知道新敵人的長相和裝備，提早培訓一個「霹靂小組」。這麼一來，當身體真的受到新敵人入侵的時候，就可以派出霹靂小組來抵抗和防衛，不容易讓新敵人有足夠的時間破壞身體！

所以，如果收過很多拒絕信，就比較容易產生抵抗力，恢復健康咯？

嗯……你也是可以這樣解釋啦！

而如何讓身體認識這些新敵人，就是「疫苗」的原理了！一般來說，如果把「活著」的細菌或病毒放入人體，這些活著的細菌或病毒就有可能造成身體的疾病。因此，科學家便想到，如果讓細菌「死去」，或是讓身體免疫大軍認識細菌和病毒不具危險性的「一部分物質」，這樣就可以達到訓練的效用了！

　　換句話說，疫苗裡面的成分，就有可能是細菌和病毒的屍體。2013 年 5 月，當禽流感病毒在四處肆虐的時候，臺灣衛生署（現在的衛福部）與相關的研究單位也趕緊從中國取得 H7N9 病毒到臺灣，讓我們有資源努力製作出疫苗，抵抗禽流感病毒。

　　製作禽流感病毒的疫苗，目前最常見的方法，就是將病毒打入雞蛋裡，利用雞蛋培養病毒，之後再把雞蛋裡的病毒「殺死」，病毒屍體就可以拿來做成疫苗呵！

難怪上次隔壁的母雞阿姨收到通知，要多努力生產雞蛋。

對呀！一旦要製作疫苗，可是需要很多雞蛋呢！

太有魅力有時候也是困擾……

該怎樣回信呢……

阿妞，又有你的掛號信！

博士，好煩呵，海豹阿明一直寫情書給我。

咦？你不喜歡他嗎？

感情是不能勉強的呀！我正在傷腦筋，不知道怎樣回信才不會讓他太難過。

聽說阿明……

之前收過很多女生的回絕信啦！我想應該免疫了！

免疫？博士，哪裡有賣這種疫苗？

拓樸異構酶
造成自閉症的神祕客

自閉症的致病原因是什麼呢？

　　細胞內藏著一本遺傳基因密碼書，這本重要的密碼書是一頁一頁連結的，打開來看，就像長長的一條直鏈。每當細胞要進行一分為二的繁殖時，就會把這本密碼書打開，由蛋白質工人一點一滴的抄寫成兩本。不過，由於密碼書平常是被折疊包裝好的，當細胞要一分為二時，就會遇到很大的麻煩。

　　因為，這些長長的密碼書，是一個雙股螺旋的 DNA 結構，這個雙股螺旋結構相當長，可能會跟電話線一樣，纏繞、糾結在一起。這時候，負責抄寫的蛋白質工人就很傷腦筋，這些打結的密碼書若不解開來，便完全無法抄寫。

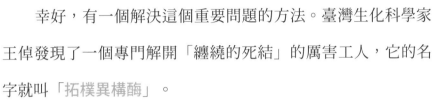

這還不簡單，用剪刀剪一剪，「結」就不見啦！

哈哈，阿妞變聰明啦！

　　幸好，有一個解決這個重要問題的方法。臺灣生化科學家王倬發現了一個專門解開「纏繞的死結」的厲害工人，它的名字就叫「拓樸異構酶」。

　　看到「拓樸」，大家一定覺得莫名其妙，其實它是從數學領域來的。簡單的說，「拓樸學」就是研究數學中連續現象的學科。用這個詞來描述 DNA 交錯的形態，就知道 DNA 有多複雜了。而「異構酶」則是細胞中一種酶的分類。

　　「拓樸異構酶」這個蛋白質工人，可以說是細胞中的「超級剪刀手」，當 DNA 準備複製時，就會解開裡面的死結──它會剪開雙股 DNA 的其中一股，以便 DNA 鬆開來自由翻轉。如果是兩條雙股的 DNA 交錯在一起，「拓樸異構酶」也可以剪開其中一條，讓另一條雙股 DNA 通過後再縫合。

這個工人好厲害。每次耳機線、電線打結，我都要弄半天。

是阿！如果 DNA 密碼書也這樣打結，細胞就沒辦法一分為二了！

說到這個，就不得不提癌症。癌症是人類的重大疾病之一，因為癌細胞會很快的一分為二、二分為四的生長，所以，人們就想到一個治療的方法，就是利用「藥物」，讓癌細胞裡的「拓樸異構酶」失去作用。你可以想像到會發生什麼事吧！癌細胞裡基因密碼書的「死結」解不開，癌細胞就會走向死亡，無法生長，慢慢死光光！

　　2013 年，美國北卡羅萊納洲大學跟臺灣大學的研究團隊，在一次偶然的「藥物」測試下發現，把阻礙「拓樸異構酶」功能的藥物，放入小老鼠體內，竟然讓小老鼠的神經細胞出現後遺症，這個後遺症，就類似人類的「自閉症」。因為這樣，原本一直找不到原因的自閉症，終於找到可能的致病原因 ——兒童的「拓樸異構酶」，在出生時出了點問題。「自閉症」又稱孤獨症，是一種神經系統的疾病，患者不能進行正常的語言表達和社交活動。如果將來針對這些病患的「拓樸異構酶」設計藥物，讓這些工人可以正確的幫忙解開死結，也許就可以治療自閉症呵！

原來大腦神經系統這麼「麻煩」，我以為可以靠念力改變，讓我可以像兒童般天真浪漫。

哈哈，這不是麻煩，這是嚴謹和精密的控制，只要部分出錯，就會產生疾病呢！

小貓熊好可愛呵！

是嗎……？

整天小貓熊東、小貓熊西的，有那麼可愛嗎？

人家是小朋友，思想天真可愛呀！

我想要回到跟小貓熊一樣天真浪漫的時候……

哈哈，那你得忘記世間凡俗呀！

阿妞你在做什麼！

我想訓練我的腦細胞，讓我成為天真浪漫的小貓熊呀～

合成生物
製作抗癌藥物的好幫手

要如何透過合成生物製作抗癌藥物紫杉醇？

　　一間化學工廠要經過很多化學步驟，才會製作出最後的產品。同樣的，一些中藥所使用的植物藥材，也需要經過繁複的生化代謝，才可以產出具備藥效的化學物質。

　　著名的例子，是一種叫做「紫杉醇（taxol）」的化學物質，它可以被當作「抗癌藥物」，藉由控制細胞內的骨架（好比房子內的棟梁）的形成，來阻止細胞運動或分裂。當癌細胞不能分裂，就會走向死亡。所以，近年來紫杉醇成為很重要的抗癌藥物。

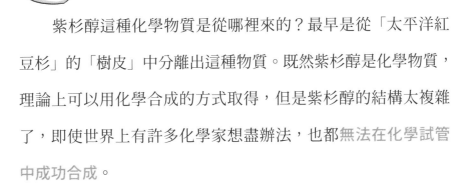

紫杉醇這種化學物質是從哪裡來的？最早是從「太平洋紅豆杉」的「樹皮」中分離出這種物質。既然紫杉醇是化學物質，理論上可以用化學合成的方式取得，但是紫杉醇的結構太複雜了，即使世界上有許多化學家想盡辦法，也都無法在化學試管中成功合成。

因此，要取得紫杉醇，就需要大量「太平洋紅豆杉」的樹皮，這對植物來說是一場浩劫，而且生產效率又很低。後來就有人想到，有沒有可能透過「合成生物」來幫忙製作紫杉醇？這樣就可以不用取樹皮！

目前的合成生物是以「微生物」為主，因為科學家能夠很容易的修改它的生命密碼書。包含人類細胞在內，其實有許多酵素都由蛋白質構成。「酵素」是幫助化學反應的機器，就像媽媽用「木瓜酵素」切斷肉裡面的蛋白質纖維，讓肉變嫩那樣。

合成生物那麼厲害。

對啊！其實是要靠放進合成生物中的「蛋白質酵素工人」幫忙喔！

　　複雜的化學反應，更需要多種酵素同心協力完成。聰明的你或許已經想到，既然樹皮裡可以產生紫杉醇，也就代表樹皮裡有特定的酵素工人，一步一步接力製造出紫杉醇。

　　科學家把這些酵素的密碼書藍圖全放到細菌裡，讓細菌去產生這些特殊的酵素工人，就可以合成紫杉醇。如此一來，就像利用天然的酵素進行合成，不再需要那麼多樹皮，也可以大量製造了。

這樣我就可以停在很多大樹上面。

哈哈，你是寵物鳥，待在家裡比較安全啦！

救救我……

快拿瓜子給他吃！

生病要吃藥，不是吃瓜子！

他被毒藤女的毒液沾到，需要龍王宮內的珊瑚紫醫治。

我欠龍王錢，他不會給的！

書裡有珊瑚紫的化學構造，可以用細菌來生產。

需要的72個步驟全由我創造的細菌完成。

謝謝，我好了！

好險！不然我得揹背10年來還。

免疫療法
訓練白血球對抗腫瘤

對抗癌症腫瘤，除了吃藥或開刀，還有什麼方法？

2014 年，美國國家衛生研究院的癌症中心團隊，研發出一種治療癌症的新療法，並且在頂尖學術期刊《科學》發表。

癌細胞的由來，是當身體出狀況而產生腫瘤細胞時，它利用身體內的資源不斷繁殖，最後形成一個巨大的腫瘤組織。這些腫瘤細胞一旦離開原本的器官，例如從腎臟跑到肺臟，稱為「轉移」。這種會轉移的細胞，也就是令人聞之色變的惡性腫瘤細胞──癌細胞！

癌細胞相當頑強，最主要的原因是，它是由正常的細胞改變而來，往往跟正常的細胞具有類似的「臉孔」，因此可以躲

過身體裡的免疫大軍。癌細胞如果在身體裡到處尋找適合的地方發展，病人的情況就會愈來愈糟。

想不到腫瘤細胞跟間諜一樣討厭！

身體裡的細胞不聽話，就可能成為大麻煩呢！

治療腫瘤的方式很多，比方說可以利用一些化學藥物阻礙癌細胞快速分裂。細胞在分裂過程中，需要細胞骨架幫忙，有了細胞骨架，才可以改變細胞的形狀，像是從一個圓球細胞慢慢變成啞鈴狀，再分開變成兩個球。

而化學藥物「紫杉醇」（酷知識15），就可以阻礙細胞骨架的形狀變化，讓那些想要快速分裂的細胞不能再分裂，就能達到抑制癌細胞增生繁殖的目的。

但是，腫瘤組織中，存有各式各樣不同時期與狀態的癌細胞，也就是說癌細胞就像惡魔軍團，裡面也有來自各方的高手。因此，並不是所有的細胞都會快速分裂，有些「武藝高強」的腫瘤細胞，甚至可以躲過化療藥物的攻擊，導致部分癌症再復發。

一山還有一山高呀！

對於癌症的治療，其實一直以來都沒有找到很好的方法！

　　正因為如此，許多科學團隊都希望找到一個好方法來對付癌症。這個新的癌症療法，就是希望揪出身體內的「間諜、反叛分子」。

　　這些團隊先從癌症患者中，分離出白血球免疫細胞，同時分離出癌細胞。接著，讓「警察（白血球）」可以在培養皿裡面好好認識「反叛分子（癌細胞）」。經過在身體外的面對面、徹底認識以後，這些白血球免疫細胞就可以認出誰是「反叛分子」。最後，再把這些「受訓後」的免疫細胞，送回身體裡面。

　　這樣一來，這些免疫細胞就可以巡邏、找出存在身體內的「反叛分子」。這樣的方式，可以讓身體內的「警察」系統，有能力辨識、殺死癌細胞。這個方法，也被期待成為一個治療癌症的有效方法！

是阿！身體內的免疫系統真的很強大，要好好利用！

果然解鈴還需繫鈴人呀！

T細胞
變身！抓住癌細胞壞人

　　癌症的形成，可能是細胞與環境接觸後，累積許多來自環境的攻擊，讓密碼書產生突變，造成正常的細胞癌化。而因為這些癌細胞本來就是從身體內的正常細胞變化而來，就有很多機會可以躲過警察（免疫細胞）的巡邏。

　　因此科學家就想，要是可以讓免疫細胞揪出癌細胞，或許人就不會得癌症。

那得好好訓練身體裡的警察才行！

利用免疫系統來攻擊發生突變的細胞，一直是科學家希望的治療方法之一呵！

2014 年，由臺灣企業家尹衍樑博士捐贈成立、有東方諾貝爾獎之稱的「唐獎」，頒發給了兩位利用免疫系統來治療癌症的科學家：美國德州大學安德森癌症中心免疫系主任詹姆斯‧艾利森博士，及京都大學大學院醫學研究科免疫基因醫學講座本庶佑博士。

　　詹姆斯‧艾利森博士的研究，是針對免疫細胞中的 T 細胞。在免疫系統中，當其他身體細胞提供給 T 細胞「壞人」的證據，也就是「抗原呈現」時，它就會變身為「超人」般活化起來。

　　但是，身體裡有些機制會透過 T 細胞表面的 CTLA-4 分子，來調整這種活化現象，導致 T 細胞超人不容易抓到癌細胞壞人。詹姆斯‧艾利森博士研究發現，可以將一種抗體與 CTLA-4 結合，用以阻斷 T 細胞被 CTLA-4 壓抑的訊號。這麼一來，T 細胞就可以順利變身為超人。

WOW！這樣超人才能抓到壞人！

還有一種狀況是壞人掩飾得太好，很難被發現呢！

日本的本庶佑博士，則是發現 T 細胞表面有個叫 PD-1 的分子，這個分子會被癌細胞上面的 PD-L1 的分子給辨識，好比被壞人蓋住眼睛，也會抑制 T 細胞變身的能力。如此一來，超人將無法看到癌細胞。換句話說，PD-L1 有點像是癌細胞偽裝成正常細胞的一種方法。因此，最好是用抗體把 PD-1 遮起來，好讓 T 細胞超人能順利找到目標。

　　透過這兩位科學家的研究，免疫療法就能實際應用在癌細胞的治療上。

是啊！幸好科學家找到解決方法呢！

真是的！ PD-L1 真是癌細胞的聰明武器。還好有方法治它！

奈米粒子
擊敗腫瘤的祕密武器

> 要如何把藥物精準的投放到腫瘤上？

藥和毒可以說是一體兩面，尤其某些藥物更是如此，例如可以毒殺癌細胞的抗癌藥物。抗癌藥物往往是針對癌細胞分裂快速的特性，但是，毛囊細胞也是屬於快速分裂增生的細胞，因此容易不小心被抗癌藥物殺死，形成癌症治療時掉髮的副作用。

> 這樣要殺癌細胞反而殺到正常細胞耶～

> 對呀！

為了要把藥物送到身體的特定區域，有一群科學家正在研發精準的藥物輸送方式。比較常聽到的就是「奈米粒子」。奈米是長度的尺寸之一，大小約略是「0.000000001公尺，或是十的負九次方公尺」。奈米粒子的直徑，就是以奈米長度來計算。比方說100奈米的奈米粒子，就非常非常的小！

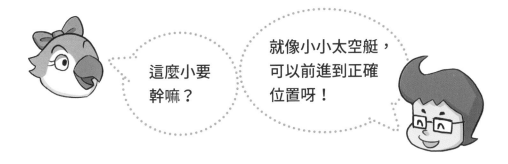

這麼小要幹嘛？

就像小小太空艇，可以前進到正確位置呀！

　　這些奈米粒子，裡面可以包裹著藥物，然後再隨著血液在血管裡面流動，一般多用於癌症腫瘤治療。最大的原因，是因為癌細胞在身體裡面會愈長愈大，也需要血液提供養分給它，於是便會分泌吸引「長血管」的特殊因子，刺激血管往腫瘤的地方延伸。然而，這樣的血管其實很鬆散，會有很多的縫隙。當血液中有這些奈米粒子時，便容易從這些「疏鬆」、「有破洞」的血管壁中離開，並到達腫瘤部位。也因為夠小，這些奈米粒子會被癌細胞吞吃進去。

當這個小小載送藥物的小飛空艇進入癌細胞後，隨即會啟動「自爆」的功能，讓自己的外殼脫落，釋放內部的抗癌藥物，殺死癌細胞。

這樣的小飛空艇也太厲害了！

其實飛空艇的外面還可以裝載一些辨識物件呵！

為了增加飛空艇正確飛到腫瘤細胞的機率，很多科學家會把一些「抗體」或是「身體營養素」裝載在飛空艇上。「抗體」可以辨識癌細胞表面的特殊區域，然後專一性的結合。「身體營養素」則是利用癌細胞喜歡吃的東西，例如把「葉酸」裝在飛空艇表面上，癌細胞就會努力去吞吃。用這些特殊加工的方式，讓飛空艇能更正確的辨識癌細胞，提高對抗癌細胞的效果。

那我們一起開發奈米飛空艇吧！

飛空艇的開發有時候也比藥物來得重要呢！

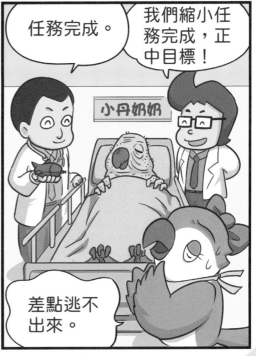

酷知識 19

新冠肺炎
全球大感染的恐怖病毒

> 造成大量感染數的病毒，究竟是什麼呢？

嚴重特殊傳染型肺炎（COVID-19）肆虐全球，感染的人超過千萬，超過百萬人喪生。致病的主因，來自一隻「冠狀病毒」，類似過去在臺灣肆虐的 SARS 病毒。

> 冠狀病毒是因為這隻病毒帶著皇冠嗎？

> 嘿嘿！在顯微鏡底下可以看到這隻病毒表面有類似皇冠的突起呵！

冠狀病毒披著一件「外套」，是屬於一種稱為 RAN 類型的病毒。它和以前影響巨大的 SARS 病毒，屬於同一種類似的

病毒，但不是由 SARS 演化而來。當病毒和人類接觸的時候，需要一個可以讓病毒辨識的地方，它才能趁虛而入。

通常這些被辨識的地方，往往都是細胞膜表面上特殊的蛋白質。以這次的 COVID-19 病毒來說，它需要先看到細胞膜表面上，有個名為 ACE2 的蛋白質，接著病毒的觸手，就會緊緊抓住這個 ACE2 蛋白質，然後順勢鑽到細胞裡面去。

但人類不是每個細胞都有 ACE2 蛋白質。現在研究發現，肺部、心臟、腎臟等多個主要器官的細胞會有這樣的蛋白質，所以也成為病毒主要侵入感染的器官。

有點像是聖誕老人要先看到煙囪，才可以鑽進家裡！

哈，但是聖誕老人不會像病毒一樣，在人家家裡亂來啦！

病毒進入人體後，病人的免疫系統會偵測到病毒入侵，引發許多發炎反應。過去的 SARS 病毒，就曾引起病人身體內的免疫大軍激烈的反攻，反而讓病人的身體（戰場）承受不住。

而這次的 COVID-19 病毒，也發現會造成發燒、咳嗽、疲倦，甚至有些人會有嗅覺或是味覺喪失的症狀。

研究發現，如果是有慢性病的人，一旦被感染，往往會導致重症反應，引發呼吸困難、器官失去功能，甚至死亡。

然而，目前對於 COVID-19 的致病原因，仍然有很多不清楚的地方。人類往往缺乏好的工具治療病毒感染。如果是細菌，我們可以用抗生素；但若是病毒，就必須仰賴我們自己的身體來對抗。很多的藥物都只是減輕不舒服的症狀，例如病毒引起的感冒，吃藥多半是讓我們流鼻水、發燒症狀可以減緩，但不是直接殺掉病毒。感染 COVID-19 病毒的病人也是如此，我們目前只能用所謂「支持性療法」來幫助病人，也就是減緩病人的症狀，讓病人可以順暢呼吸、降低體溫等等，讓病人自己的身體慢慢克服病毒的攻擊！

難怪感冒的時候，醫生都要我多喝水好好休息。

對呀，身體自己戰勝病毒的攻擊，才能讓感冒快快好！

雖然現在醫學技術進步，但是對抗疾病，人類仍然有許多地方束手無策。也因此，避免疾病發生，才是健康的最大關鍵。這次 COVID-19 病毒來襲，大家紛紛勤洗手，戴口罩，保持良好的衛生習慣。因此，比起以前，腸病毒和流行性感冒的患者大幅下降，診所醫院更是少了很多病人呢！

病毒檢測
找出躲藏的邪惡大軍

躲藏在身體裡的病毒，要怎麼找出來呢？

在酷知識 05，我們說到，當病毒想要跑到人類或是宿主的細胞裡躲起來的時候，它會把它的 DNA 密碼書，偷偷安插在人類細胞內。

而當病毒想要開始活躍、離開細胞的時候，它會控制人類或是宿主細胞裡的各種工具、原料，與細胞自己的小機器人。換句話說，就是統治你的細胞，讓細胞乖乖聽話，幫忙製造新的病毒，包含「病毒的密碼書」以及「病毒密碼書外面的蛋白質做的保護殼」。

COVID-19 病毒外面的保護殼，就是皇冠的那個保護殼嗎？

阿妞真聰明！

所以，科學家為了要知道，我們的細胞裡到底有沒有這個病毒、是不是被感染了，就得從這兩個線索著手：看看「是不是有病毒的密碼書」，以及「有沒有保護殼蛋白質」。

不過，要怎麼看有沒有病毒的密碼書？這個用眼睛看，還真的看不到！就像從外太空看地球上的一輛黃色計程車一樣困難。這時候，就需要仰賴一個諾貝爾獎等級的技術：聚合酶連鎖反應，簡稱 PCR（Polymerase Chain Reaction），這是 1983 年，美國穆利斯（Kary Mullis）博士在開車時想到的技術！這個技術利用一個叫做「DNA 聚合酶」的蛋白質小機器，將密碼書不斷重複抄寫，直到累積的數量能讓人們看到。好比把一輛計程車變成好幾億輛，就可能可以從外太空看見了。

這個技術是利用兩條設計過、名為「引子」的短短 DNA 標籤，來辨識病毒的密碼書。一旦辨識到了，DNA 聚合酶便

會根據病毒的密碼書內容複製抄寫。新抄出來的密碼書，又會被引子標示上去，再引導 DNA 聚合酶做下一輪的抄寫，因此會一輪一輪的放大數量。我們就可以用機器去判斷，是不是有這樣的密碼書存在。

如果看到抄寫出來的內容是對的，是不是就是有病毒？

對呀！所以我從口水中，就可以知道誰偷喝養樂多，因為有乳酸菌的密碼書。

PCR 反應雖然精準，但是需要大約三到四個小時才能知道結果。這時候就有人想到，也許有東西可以抓到病毒外面的蛋白質保護殼，這就需要所謂的「抗體」來幫忙！

我們身體裡面有免疫細胞大軍，來幫我們抵抗外來的細菌病毒。其中，免疫大軍的 B 細胞，就會產生「抗體」，像精準的導向飛彈一樣，直接辨識細菌或是有病毒特徵的蛋白質。被抗體辨識抓到後，就會吸引免疫細胞大軍，清除這些入侵的細菌和病毒。

那我們是不是要趕快讓抗體來精準辨識病毒的外殼蛋白質。

快篩系統就是建立在抗體的技術上喔！

製作「辨識 COVID-19 蛋白質外殼」抗體的方式有很多種。傳統上，我們可以搜集這樣的外殼蛋白質，請小老鼠或是兔子的免疫大軍幫我們製作。但是現在，也有用電腦運算，搭配噬菌體表現法的方式來幫忙生產，讓我們可以快速的得到這樣的抗體，並在對抗病毒的急迫時間內，發展出快篩系統。

電視上，衛福部長也有說，看我們有沒有抗體，可以知道有沒有感染過？

因為有些人自己的免疫系統就產生抗體，他們可能找不到病毒了（像是被殺光），因此就用抗體來判斷是否有感染喔！

目前大家還是希望從過去的經驗中找到有效的藥物，也許有機會阻止病毒控制細胞的能力，進而阻斷它們對人類身體的傷害。

另外，大家最期盼的，就是發展出疫苗（酷知識 13）。簡單來說，就是將病毒的屍體樣本（還保留蛋白質保護殼，但是沒有感染能力）打入人體，刺激免疫系統產生抗體，用來預防下次的感染。這是目前全世界科學家最大的課題！

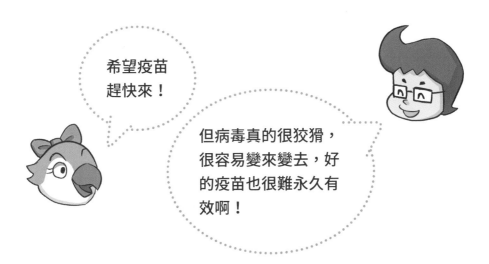

希望疫苗趕快來！

但病毒真的很狡猾，很容易變來變去，好的疫苗也很難永久有效啊！

第4章

未來生活

DNA摺紙術
千變萬化的超迷你積木

DNA 那麼小，我們可以拿來做什麼？

DNA 是身體的密碼書，這密碼書是由四種簡單的化學物質所構成，分別是 A，T，G，C。這四個化學物質，會靠著吸引力兩兩相吸，A 和 T 配對，G 和 C 配對。如果把它們串成一條，如 AAAAACCCCC，便會跟 TTTTTGGGGG 兩條黏在一起，像拉鍊一般互相吸引。

那 AAAAAAATTTTTT 一條是不是就會摺起來？

如果夠長的話，就真的像髮夾一樣靠著 AT 配對吸引力摺起來呵！

一些材料科學家就利用這個配對關係，讓 DNA 這樣的化學物質，可以跟「紙」一樣，有千變萬化種摺法。這個技術就叫作「DNA 摺紙術（DNA Origami）」，Origami 就是日文摺紙的意思。這種摺紙方式，也可以先透過電腦軟體預測結果。

2009 年，有科學家使用電腦運算的方式，將 DNA 組裝成奈米級的扭轉與彎曲的形狀（酷知識 18：什麼是奈米？）。這項技術是把 DNA 摺成類似樂高的小積木，靠著小積木間的吸引力，它們就會自己組裝成大型的構造。透過適當的計算和排列組合，科學家可以創造出各式各樣的奈米等級的形狀，例如齒輪或是三角形。

就跟你摺紙鶴一樣呀！

想不到摺來摺去也有這麼多變化！

這樣的特殊構造形狀，可以是奈米機器人的雛形，例如可以摺成很小的膠囊，用來包裹藥物，當成傳輸藥物的奈米粒子。最近，也有科學家把這樣的摺紙技術用在癌症研究上面，他們

將類似海綿巧拼的片狀小積木，放入癌細胞中，這些奈米級的巧拼，可以在細胞裡面組裝成大型的片狀物質，抑制癌細胞的轉移能力。

同樣在 2009 年，美國 IBM 公司也利用 DNA 摺紙術創造了 DNA 晶片。他們把設計好的 DNA，置入設計過的傳統電路板上面，這些 DNA 就會自動開始組裝成三角、四角等形狀。因為 DNA 可以攜帶大量的資訊資料，所以將來可以應用在電腦晶片上面，成為電腦晶片一個很棒的材料。

2015 年，Hi 博士指導的學生團隊，也創造出奈米針筒，可以注射遺傳物質到細菌裡。只要發揮創意，這樣的摺紙技術便可以應用在我們的生活周遭，甚至在我們自己的身上呵！

希望哪天可以摺一部小小的太空船穿梭在身體裡面，用來檢查身體的健康狀況！

這樣人類就很有福氣啦！

摺999隻，送給我最愛的人。

阿妞手藝這麼好呀？

想摺鸚鵡，但只會摺紙鶴。

哈，看我的！

呼！999隻了！

博士怎麼辦到的？

透明的釣魚線串起來的！

複製動物
尚在修煉的分身術

如何才能複製動物？

　　除非你是「同卵」雙胞胎，不然很難在世界上找到跟你長得一模一樣的人。

　　「同卵」雙胞胎形成的原因，是在媽媽懷孕最早的時間點裡，本來一顆細胞要轉變成一個胎兒的情況下，因為某些因素，不小心變成了兩個細胞團，再變成兩個雙胞胎寶寶。因為這兩個個體的 DNA 密碼書（酷知識 01）都來自同一個細胞，因此「同卵」雙胞胎會長得一模一樣，連性別也一樣。

　　而「異卵」雙胞胎，從一開始就是兩個不同的卵細胞，各自有各自的 DNA 密碼書，只是不小心同時出現，生出來的寶

寶，狀況會跟一般兄弟姊妹一樣，有一點點不同，包括性別也可能不同。

原來是這樣！那長得像不像的關鍵因素，就在 DNA 密碼書嗎？

對呀！在「酷知識01」我們介紹了 DNA 密碼書，你牢牢記住啦！

　　只要有相同的密碼書，製造出來的生物體就會長得極為相似。這些密碼書，收藏在細胞內的「細胞核」。然而，僅有 DNA 的藍圖，沒有「原料」，也沒有解讀密碼的「工人」，並沒有辦法製作出生物。而解讀 DNA 密碼的「工人」，和細胞運行需要的「原料」，存在於「細胞質」。

　　如果把阿妞的細胞核，放到其他跟阿妞一樣品種的和尚鸚鵡的細胞裡，並不能複製出阿妞，因為這時候有兩個細胞核，細胞會弄不清楚到底要依據哪個生命藍圖來工作。

好險好險！也就是說，萬一我羽毛細胞的細胞核被偷走，也不會被複製出另一個阿妞咯！

哈哈！阿妞想獨一無二啊！還是要小心呵！

1960 年，科學家古爾登（2012 年的諾貝爾獎得主），創造了第一隻複製動物 —— 非洲牛蛙。古爾登先把一個細胞的細胞核拿掉，讓這個細胞只有解密的「工人」和細胞運作的物質，再把想複製的青蛙細胞核放進去，讓原本解密的「工人」和「物質」依據這個細胞核的 DNA 密碼書工作，最後該細胞發育長大，成為第一隻複製動物。1996 年，科學家在英國也製作出第一隻大型複製動物，也就是有著可愛名字的桃莉綿羊。

　　不過，複製動物的技術還有很多難題要克服，也仍有許多科學家不了解的困境。像桃莉綿羊只活了六歲，而且很早就出現老化現象，壽命比一般綿羊短很多，可見複製技術還不是很成熟。複製動物的技術，如果用在畜產界，可以將肉質良好的牛、豬重複製作出來，類似工廠生產商品那樣。目前已有許多複製動物誕生，像牛、豬、羊、狗、貓以及小老鼠。不過，除了小老鼠的成功率比較高之外，其他動物的成功率都很低。而且複製動物到底好不好？還需要考慮很多倫理道德上的爭議。

生質能源
不會破壞環境的新能源

> 在哪裡可以找到環保的好能源呢？

在生活環境中，許多東西都需要能源，像是汽車、飛機、電視、電腦……，從這些物品中，我們可以很直覺的感受到能源的存在。另一個比較不容易感受到的，就是石化產品，像是塑膠袋、人造纖維編織而成的衣服、一個可愛的絨毛娃娃等，這些都是使用石化原料製作出來的。然而，當我們用的物品愈多，地球上的資源可能就愈少。

如何取得能源，是一個很重要的課題。例如引起廣泛討論的核能電廠，或是讓爸媽叫苦連天的油價上升，從這些例子都可以看出能源問題影響著每個人的生活。

石油，可以說是現在最重要的能源。石油是由「碳氫化合物」為主要成分的各類化學分子所構成，透過提煉，可以獲得各式各樣不同的原料成分。這些「碳氫化合物」也構成燃料、塑膠等相關石化產品的基本元素。有科學家認為，石油是許許多多植物或是動物的屍體，經過上億萬年壓縮和加熱所產生。

那是不是愈胖的人愈容易變石油？

哈……阿妞很有想像力啊！但沒有這回事啦！

其實，人類很擔心哪一天把石油用完了，車子就跑不動了。所以，世界各國的科學家正積極的尋找可以替代的能源。其中備受注目的，就是「生質能源」。

目前生質能源主要分成兩種，一種是生質柴油，另外一種就是生物酒精。生質柴油主要是回收不同油類，利用這些回收油再去製成「柴油」，可以當作燃料使用。例如，回收廚房炒菜、炸薯條用剩的油，這些油雖然不能再用來做菜，卻可以當作生質柴油的主要原料。

另一種生質能源，就是「生物酒精」。製作生物酒精的技術，最主要的原理，是利用類似製作酒類的方法 —— 使用植物（比如說玉米）裡面可以被利用的碳氫化合物，例如澱粉或是醣類等，藉由酵母菌將其分解，變成「酒精」。

是不是跟葡萄酒一樣，叫做「玉米酒」？

其實過程原理一樣呵！

但是，使用玉米或是其他農作物來製作生物酒精的話，會影響人們有限的糧食。因此，科學家希望找到另一種植物取代玉米，而「海藻」就成為其中一個受到期待的項目。

為什麼是海藻呢？因為海藻來自海洋而不會佔用土地面積，同時海藻的構造也簡單，相當容易分解。更重要的是，海藻不會影響到人類的飲食。因此，使用海藻當作生物酒精的原料，具有相當多的優點。許多科學家也到處尋找，看哪一種海藻容易繁殖與利用，希望將來海洋這個「農場」，可以成為生質能源的基地。

目前臺灣也積極的在發展類似的再生能源，例如，中油公司在開發利用植物與微生物製作生物酒精的技術。現在於一些特定的加油站，也可以購買到生物酒精。雖然再生能源已經開始起步與發展，但技術上還是有一些需要克服和解決的挑戰。期待未來，我們會有更安全、更環保的能源可以使用！

那我就可以安心了。

雖然我們積極找新能源，但是還是要珍惜能源，節能減碳呵！

目前世界各國都在找尋新的能源，

科學家發展出安全又永續的新方式。

阿妞！你上廁所怎麼不沖水！！

博士，我們要為新能源做努力呀！我想要跟豬一樣，可以用便便作沼氣發電。

阿妞，你很有心耶！目前的確養豬場的沼氣可以發電。但是你的便便可能太少了。

那我再想辦法！

— 數日後 —

批批批，批咖秋～～怎麼不會發電啦！

阿妞你幹嘛亂買東西啦！

客製化寶寶
根據需求訂製的服務

為什麼會需要客製化寶寶？客製的是不是比較好？

在每個人的 DNA 密碼書中，記載著人會長成什麼樣子，像是身體有多強壯、五官會有怎樣的特色、身高有多高……，每一個寶寶都會依據爸爸媽媽傳下來的 DNA 密碼書成長（酷知識 01 和 02）。

不過，隨著人類生化科技的進步，開始有機會修改生命的藍圖了，像是運用外力，讓原本長不高的人長高，或是讓原本捲髮的人變直髮，甚至有機會可以修改身體的遺傳性疾病。只是這樣的想法，因為對人類影響太大，還得再多考量才能進行。

博士，密碼書也可以修改呀？

現在的科技可以辦到唷！

　　要修改密碼書，必須修改爸爸媽媽的受精卵分裂後的細胞，才能確保細胞分裂後，密碼書會按照修改內容複製與撰寫。美國和日本有些科技公司能接受顧客要求，針對會產生疾病的 DNA 進行修改。

　　例如，爸爸是血友病病患，身體沒辦法製作有功能的凝血因子，科技公司就對 DNA 藍圖進行修改，讓它能製作出正確的凝血因子。寶寶出生後，就不會得到血友病。這樣的寶寶，就被稱為「客製化寶寶」。

可以客製化寶寶的話，人類會愈來愈強大耶！

也不見得，搞不好會受「天譴」，產生大難呢！

雖然可以修改 DNA 生命藍圖，去創造出想要的寶寶，讓寶寶更好看、更強壯，但這是人類目前認為的「好看」與「強壯」，不見得真的能適應未來的世界。「天擇說」就是一個例子。

　　生物演化的「天擇說」，指的是透過演化，會留下適應環境的生物。像長頸鹿，就有人認為是在演化過程中，因短脖子的「短頸鹿」吃不到葉子，慢慢被淘汰，使得活下來的都是長脖子。

　　將來，也許地球會有很大的變動，這些變動可能會替人類進行基因篩選。如果現在把大家的「密碼書」改成「一樣」或「類似」的狀態，那麼，當變動出現的那一天，也許就沒有人可以度過艱難的環境。也就是說，基因修改過的人類，可能會面臨絕種危機。

這樣還有人要做客製化寶寶？

所以製作過程，也要考慮到這些問題呀！

也因此，很多生物學家都在強調「生物多樣性」，也就是要讓生物的種類愈多愈好。地球上原來有上千萬種植物和動物，但隨著人類的開發，很多動植物都消失了。未來，可能因為某種生物消失，使生態失去平衡，而讓地球上的生物完全滅絕也說不定。

　　最初會有「客製化寶寶」的想法，可能是想治療先天的遺傳性疾病；但人類過度干涉，也可能導致人類這種物種「複雜度」降低。想想，電動玩具裡的軍團，也都要有各種不同功能的角色、職業才可以應付敵人，在科技發展的同時，也得好好思考科技帶來的影響才行。

組織工程
利用 3D 列印製造器官

3D 列印是不是就可以解決器官捐贈的困境呢？

　　動物是「多細胞」生物，由細胞組成各式各樣的器官來幫助身體運行。身體會利用許多蛋白質工人，將細胞和細胞綁在一起，細胞就不容易散成一顆一顆的。這種蛋白質工人，我們稱為細胞的「黏著分子」。

　　細胞除了靠黏著分子綁在一起之外，細胞外圍也圍繞一些蛋白質，像「膠原蛋白」、「玻尿酸」等，也稱為「細胞外的基質」。因為有「黏著分子」和「細胞外基質」幫忙，細胞就能緊密聚在一起，形成器官。

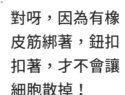
這些蛋白質好像橡皮筋和鈕扣呵！

對呀，因為有橡皮筋綁著，鈕扣扣著，才不會讓細胞散掉！

如果你喝過豬肝湯，應該有看過豬肝上的細胞紋路。有這些橡皮筋和扣子，細胞才會「有規則」的排列。規則排列，可以讓細胞知道「上下左右」，該面對哪個方向，這樣才會發揮正確功能。比方說豬肝裡面的「肝細胞」，有一面是朝向血液，可以吸收血液裡面的營養，有一面則是朝向「膽管」，會把膽汁分泌出去。有了正確的位置，「肝細胞」才能正常運作。

想不到細胞圓圓的，也分上下左右哇！

對阿！身體裡的細胞都是 3D 的呵！

如果要靠人工創造器官，就必須以符合剛剛說的方式來製造，才能讓細胞具備正常功能，我們稱這樣的領域是「組織工程」。在組織工程中製造一個器官，必須模擬身體裡器官的樣

子，利用幹細胞當作細胞材料，把幹細胞一個一個排好，讓細胞可以牢牢長在「細胞外基質」上，並有「扣子」扣住兩個細胞，讓細胞與幹細胞的「細胞外基質」形成交互作用。

這樣好像在排樂高積木！

對呀，得先規畫好，哪裡要排上什麼細胞，哪裡得擺上細胞外基質。

可以把「細胞外基質」想成是房子的骨架，就像鋼筋、棟梁，形成器官的形狀架構，讓細胞可以填充在裡面。

天然的細胞外基質，就像剛剛說的，可以是膠原蛋白等分子。但是隨著科技進步，也有一些人體可以吸收，不會對身體細胞產生毒性的人造「細胞外基質」，通常是一些聚合物分子，像是一些「手術線」就適用這樣的成分。在縫合後，手術線會被人體吸收並消失。這樣的分子就稱為「生物可分解」分子。

現在有很多科學家想用 3D 列印技術創造器官。3D 列印技術可以用在很多地方，只要把想要的材料一層一層噴出，就

會呈現立體狀，有點像疊積木，第一層疊好後，再疊第二層。疊個數百數千層，就可以形成一個 3D 狀的器官。

　　將 3D 概念用在人工器官，第一層可能噴上膠原蛋白，第二層可能噴出肝細胞，第三層噴血管細胞，第四層噴上一層膠原蛋白……如此一來，一個人工的器官或臟器，就可能以 3D 的方式呈現，讓細胞具備完善功能。

這樣我光買飼料就要破產了！

以後可以噴出很多隻和尚鸚鵡來跟我作伴了！

產氫細菌
這種細菌讓地球更乾淨

媽媽說細菌很髒，細菌都是壞東西嗎？

　　氫氣，是一種氣體，密度比空氣低，因此以前會把氫氣灌在氣球內，讓氣球飄起來（現在的氣球為了安全，裡面裝的是氦氣）。氫氣燃燒後會產生水，過程中還可以發熱，產生能量。所以，氫氣也可以用來作為替代石油、瓦斯的新能源。

　　而且，氫氣發熱的效率非常好，以相同重量的氫氣和汽油相比，氫氣得到的能量是汽油的三倍。此外，氫氣燃燒後只會產生「水」，是相當環保的能源。相較之下，使用石油、沼氣等能源，會產生大量的二氧化碳，間接影響地球氣候變遷。

　　不過，氫氣是怎麼產生的？可以用「電能」將「水」分解，

豬的便便可以產生沼氣當能源，那氫氣是從誰的便便來的？

哈哈，目前沒有便便可以產生氫氣啦！

產生氫氣和氧氣。但是這個方式也需要用到「電能」，並不是很好的方式。所以有些科學家就想到利用細菌，看看細菌是否有產生氫氣的能力。

細菌有千千萬萬種，有的細菌可以生長在高溫高熱的環境，有的細菌可以長在類似陽明山小油坑般的硫磺礦中。這些細菌會因應生長環境，來改變自己內部的「消化系統」，比方說不用氧氣，而是用其他化學元素來幫助細菌生長和運作，像這樣的細菌就可以活在缺乏氧氣的環境中。

是啊！因為不同細菌可能有不同功能，只要找到有用的細菌，就可以用來幫助人類做很多事。

細菌竟然跟我們那麼不像！

因為有些細菌可以行光合作用或其他「呼吸方式」，所以科學家就去地球上各種奇奇怪怪的地方，尋找特殊的細菌，果然找到了可以產生氫氣的細菌。要讓細菌產生「氫氣」，主要分成「光合作用」及「厭氧（不需要氧氣）」作用。

　　像「藍綠細菌」，可以用光合作用產生氫氣，另一種「紫色不含硫」細菌則會在厭氧狀態下，吃廢水中的有機成分，產生氫氣。靠著吃廢水有機物就能產生氫氣？這對人類來說真是好消息，因為可以幫助人類清理廢水，又能產生氫氣提供能源，簡直是一次就幫人類解決了環保和能源的問題！

　　目前很多科學家都在拚命想辦法，看能不能提升效率，繁殖多一些這樣的細菌，以後就會出現全新的乾淨能源！

導航是不是錯了？

沒錯！這裡是火燄山哪！

來者何人？ 竟然不先拜見貧道！

我乃大唐僧人妞三藏。

算了！沒時間吃你的肉。

能源缺乏，都沒油當燃料了。

原來是缺乏能源！我叫徒兒幫你一下。

這是猴蝨，喔不，應該是「能源細菌」。

牠們吃草就可以產大量的油！

那……可以先煮三藏湯嗎？

土壤固氮菌
讓土壤和植物充滿養分

> 為什麼有的土壤比較肥沃，可以種出比較茂盛的植物？

微生物，按照字面解釋就是微小的生物，通常可以分成細菌、真菌、藻類或原生動物。我們常聽到的細菌有大腸桿菌、農桿菌等；常聽到的真菌則是酵母菌、香菇或靈芝。

微生物的作用很多，除了會導致疾病的病源菌之外，我們周遭也可能有許許多多微生物存在。你想像得到嗎？在一公克的土壤裡，就住著一百億個細菌！這些形形色色的微生物，個個都對土壤有重要的功能，讓人們可以在土壤上種菜、種植物等。

難怪上次我用嘴巴拔蘿蔔後，被叫去洗嘴。

就跟人要洗手一樣啊！不過鳥類有時候也需要這些微生物來幫助身體運作呵！

　　土壤裡的微生物，到底哪裡厲害？其實它們就像武俠小說中各門各派的弟子，功能很多！比如說，它們可以幫助農作物吸收養分和水分。當枯葉掉落時，這些微生物又可以將落葉分解，產生肥料。更重要的是，它們能幫助「固氮作用」。

　　固氮作用，就是把空氣中佔有百分之八十的「氮氣」給固定下來，因為被固定的「氮元素」，對生物相當重要。

氮？是要多吃蛋嗎？

是不一樣的字，不過也有一點點關係啦！「氮」元素，是蛋白質的組成元素之一。

在植物需要的營養成分中，除了有一般的碳元素，氮、磷、鉀也是重要的元素。氮氣雖然占空氣的百分之八十，植物卻沒辦法直接拿來用，需要靠土壤裡的微生物幫忙。

這樣的微生物，一般稱為「根瘤菌」，顧名思義就是會在植物根部出現，然後形成一粒一粒的瘤狀物。在瘤狀物中，微生物會和植物共生，植物會提供微生物養分，微生物則捕捉與固定空氣中的氮元素，並輸送給植物使用。在豆科植物上，就能明顯的看到根瘤菌。此外，還有一些光合細菌、藍綠菌，也有這樣的固氮功能。

目前農夫雖然會使用肥料來提供植物氮元素，但偶爾也會把固氮菌施放到土壤中，增加土壤的「養分」。

土壤中有固氮菌，那沙灘呢？在不同的環境中，有很多不同微生物會分泌和代謝，因此產生有機物質或膠質，讓土壤跟沙灘的組成有很大的差異，這都是微生物的功能。

想不到小小土壤裡，竟然住著這麼多高手。

微生物的世界可是相當迷人的呵！

人造酵母菌
治療遺傳疾病的新希望

除了客製化寶寶，還可以如何治療遺傳疾病？

　　酷知識 01 和 02 說過，每個細胞裡面都有一個 DNA 密碼書，記載著生命該怎樣運作，細胞該如何做出一個個小機器，讓生命可以運作。所以也有科學家想到：「如果懂得怎麼寫密碼書，就可以創造生命！」這樣的想法看起來很簡單，但到目前為止，人類還沒辦法突破。

那我要把密碼書藏好，
免得另外一隻阿妞出
現來搶我的瓜子。

哈哈，大家比較想
要的是不用花飼料
費的阿妞吧！

2014 年 3 月，美國《科學》雜誌發表了一個新研究結果 —— 第一個由人類合成製作的酵母菌密碼書成功產生。酵母菌？聽起來很熟悉吧！這是被人類拿來製作麵包和酒類的菌種（酷知識 09），在工業上也被廣泛使用。酵母菌一共有十六條染色體（密碼書），雖然這項研究的對象只是個微生物，卻是人類科學發展的一大步！

　　2010 年，人類第一次成功合成了細菌的密碼書，並且製作出第一隻人工細菌，這隻細菌可以繁殖增生。酵母菌雖然也是「菌」，卻是跟人類一樣有細胞核的生物。也就是說，它的 DNA 會被細胞裡的細胞核包裹。而細菌則是沒有細胞核的生物，密碼書比較簡單。酵母菌的長鏈密碼書，平時會像毛線般綑起來收好，放在細胞核裡。這個綑好的密碼書，就是前面提到的染色體。

　　人類的染色體高達四十六條，也一樣是綑起來收在細胞核裡，當細胞要閱讀時，會先鬆開一小部分來閱讀，再製作需要的蛋白質工人。說起來雖然只是短短的兩三句話，但其實很複雜，製作方式也跟細菌不一樣！

有細胞核好像很麻煩，看個密碼書還要分段操作，真沒效率！

麻煩也是一種防衛方式呀！就因為有精密的控制，人類細胞才不會隨便被亂做出來。

在合成酵母菌染色體的過程中，其實科學家修改了一些自然界常用的密碼，也用人工基因來取代部分基因，最後才將合成的一小條染色體放到酵母菌細胞內。不過，酵母菌要能成功繁殖生長，才算真正成功。

將來，這項技術可以用來改造酵母菌，說不定還能應用來研發藥物。更讓科學家期待的是，因為酵母菌細胞和人類細胞相似度更高，新發展的密碼書合成技術，或許可以用來治療人類的遺傳疾病！

細胞轉換
不死水母的超能力

我們有可能長生不老嗎？

《名偵探柯南》動畫中，主角柯南原本是高中生偵探，但是有一次到遊樂園，意外遇到了黑暗組織，被強迫吃下一顆轉換成小孩的藥物。不知道各位有沒有想過，這世界上是否可能有這種可以返老還童的藥物？

其實，世界上的確存在會返老還童的生物，就叫「燈塔水母」。科學家發現，這種水母的生命有一個循環，就是長大以後就變回兒童，再長大，再變回兒童⋯⋯

這樣生生不息，不就不會老嗎？

阿妞，你說對了，這種水母因此被稱為「不死水母」唷！

　　大多數水母跟人類一樣，會從兒童的水螅狀態，長成大人的水母狀態。水母配對後，生出寶寶，然後就會走向死亡，這樣的方式稱為「有性生殖」。但是科學家發現，燈塔水母竟然有另一個生命出路，就是「返老還童」。

　　為什麼會這樣？目前科學家還在研究，但是初步發現，燈塔水母這種返老還童的特殊形態，可以稱為「轉分化」。簡單來說，就是細胞命運可以任意被轉換。

「轉分化」是不是一種妖術？

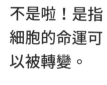

不是啦！是指細胞的命運可以被轉變。

以人類來說，我們身上細胞的命運，在我們出生後大部分都已經被決定，比方說，眼睛細胞就是眼睛細胞，不會哪一天突然變成舌頭細胞。皮膚細胞不會因為晒晒太陽，就突然變成神經細胞。

然而，最近幾年科學家發現，身體遇到一些刺激後，確實有可能改變細胞的命運，但是這大多是在實驗進行時發生的特殊狀況。科學家也發現，如果把一些在細胞內負責打開細胞命運 DNA 密碼書的「特定蛋白質工人」，移動到別的細胞去工作，也可能造成細胞命運的改變。

例如，就有研究發現，只要將決定「神經細胞」關鍵命運的蛋白質工人，放到「皮膚纖維細胞」裡，就會讓皮膚纖維細胞變成「神經細胞」。

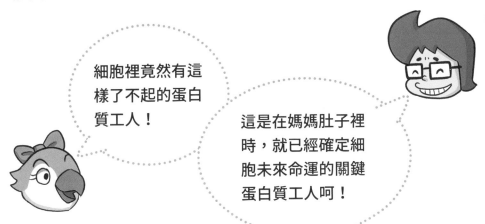

細胞裡竟然有這樣了不起的蛋白質工人！

這是在媽媽肚子裡時，就已經確定細胞未來命運的關鍵蛋白質工人呀！

細胞命運的轉換，牽扯到很多激烈的改變，這些改變會啟動細胞修復，細胞可能從老年狀態變成年輕狀態，這叫「細胞再程序化（Cell Reprogramming）」，就像電腦重新安裝，更新裡面的程式一樣。

　　「再程序化」的這種現象，跟 2012 年諾貝爾生理醫學獎得獎的「誘導式多能幹細胞」有同樣的概念，也就是把已經被命運決定的細胞，「再程序化」成幹細胞。

　　同樣的現象，可能就發生在「不死的」燈塔水母身上。當燈塔水母發生轉分化時，身體細胞的命運都會轉變，好比原本是神經細胞，就轉變為手足細胞。也就是說，每個細胞都可以重新生長。如果能掌握這個返老還童的關鍵祕密，也許某天，人類就可以把老化器官重新設定，永保青春了！

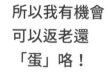

所以我有機會可以返老還「蛋」咯！

不久的將來也許有可能呢！

基因工程
為了一個美好的未來

未來的世界，會是什麼樣子呢？

生命 DNA 密碼書左右生物的命運，從外觀長相到身體各種功能，也左右不同生物間的差異。自 1953 年發現 DNA 雙股結構以來，隨著對於分子生物學的了解，科學家也開發了許多不同的「工具」，這些工具也讓生物或是細胞可以慢慢的被人類修改與利用。

早在 1982 年，以大腸桿菌生產人類用的胰島素上市，就預告了生物科技世代的來臨。我們也開始對於如何把基因穿插在我們的密碼書裡，有了千萬種想像。也許哪天我可以放一個聰明基因到我的基因密碼書，讓我變更聰明？或是放一個返老

還童的基因，讓我可以像名偵探柯南一樣回到兒童的樣子協助辦案？

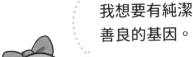

我想要有純潔善良的基因。

你現在沒有嗎？

　　基因工程如果要進步，有幾個需要解決與了解的問題。首先，要了解特定基因有什麼樣的功能？再來，如何取得特定基因，並放到需要改造的密碼書內？最後是基因改造後，是否穩定與安全？

　　雖然生物科技的發展進步很快，但是光人類就有三萬多個已知基因，所以這個領域其實還存在著很多的未知。比如說，這些基因產生的蛋白質是什麼？在身體裡面的功能又是什麼？即便是小如細菌，我們也無法完全參透它們的基因設計與功能。這些都是基因工程最初的瓶頸：「到底能不能用？」

　　第二個重大的困難，就是在有細胞核的生物中，我們的基因密碼書，其實都被包裹且整理得很好，要將密碼書打開來編

輯 —— 取下，插入，或是修改 —— 並不是那麼容易。但是，基因編輯技術上的進步（字面上已經讓基因「工程」變成似乎更容易的基因「編輯」），讓我們可以更準確的在「裝箱的書堆」中，打開「書本」，把密碼正確的寫入。雖然成功率可能已從百萬分之一上升到百分之一，但還有很大的進步空間。

最後，就是穩定性與安全。理論上，即使可以成功的安插基因密碼，到密碼書的正確位置，但事實上，還是可能在操作的過程中出錯，把密碼塞到「別本書」或是別的地方。這暗藏了許多的危險。

同時，當我們要放不同的基因密碼到密碼書內，就必須知道哪一「頁」、哪一個「段落」才可以「無縫接軌」的安插進去。這些都是基因工程需要克服的挑戰。

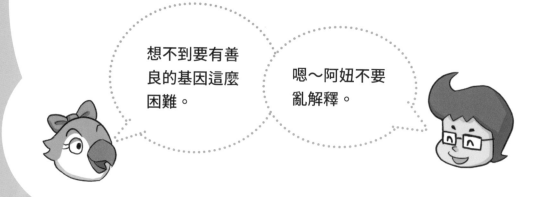

想不到要有善良的基因這麼困難。

嗯～阿妞不要亂解釋。

前一陣子，中國有一個基因工程 ——「不會得愛滋病的寶寶」。科學家在這個寶寶受精卵時期，就進行基因工程的改造。他們把可能會被病毒辨識的標記蛋白質（類似聖誕老人要進入屋內需要認識煙囪，才能從煙囪鑽進來一樣）清除後，這個寶寶就不會受到愛滋病毒侵入。

然而，這會衍生許多謎題，像是我們怎麼知道愛滋病毒只會透過這個「煙囪」進入到細胞內？這個煙囪的藍圖從密碼書拿掉，會不會導致其他的問題？

或者，科學家在修改密碼書的同時，這些改造的工具會不會對寶寶的生命有傷害，例如不小心破壞到別的基因密碼書內容？這些都讓這件事情充滿變數，也產生道德疑慮。因此這個科學家馬上就被開除了！

基因工程存在的初衷，其實是希望解決人類面臨的生存難題。例如，糖尿病患者需要胰島素，但是如果用其他人捐的胰島素或是其他動物生產，可能緩不濟急。如果可以透過像是製造養樂多的方式，用大腸桿菌大量生產，就會是糖尿病患者的福音。

當技術愈來愈先進，可能就會產生一些涉及人類道德或是

社會規範的爭議。好比是不是要用基因工程創造出聰明寶寶？或是長生不老的人類？

　　善用我們的工具來對抗疾病、對抗病毒，在道德共識下，去解決可以解決的問題，這才是基因工程未來無限發展的根基！

發明汽車後，汽車在路上跑來跑去很可怕！

所以人類就用交通規則去規定汽車要怎麼開，才不會出問題啊！

Exploring 002

Hi 博士的 30個生物科技 酷知識！

作　　者｜陳彥榮
漫　　畫｜Joker

社　　長｜馮季眉
責任編輯｜李晨豪
編　　輯｜戴鈺娟、陳心方、巫佳蓮
美術設計｜陳俐君

出　　版｜字畝文化
發　　行｜遠足文化事業股份有限公司
地　　址｜231 新北市新店區民權路 108-2 號 9 樓
電　　話｜(02)2218-1417
傳　　真｜(02)8667-1065
電子信箱｜service@bookrep.com.tw
網　　址｜www.bookrep.com.tw

讀書共和國出版集團
社　　長｜郭重興
發行人兼出版總監｜曾大福
印務協理｜江域平
印務主任｜李孟儒
法律顧問｜華洋法律事務所　蘇文生律師
印　　製｜中原造像股份有限公司

2020 年 12 月　初版一刷
2022 年 7 月　初版二刷
定　　價｜320 元
書　　號｜XBER0002

ISBN 978-986-5505-44-8

國家圖書館出版品預行編目 (CIP) 資料

Hi 博士的 30 個生物科技酷知識：連小學
生都能懂的生命科學 !/ 陳彥榮文；Joker
漫畫 . -- 初版 . -- 新北市：字畝文化出
版：遠足文化事業股份有限公司發行，
2020.12
面；17×23 公分
ISBN 978-986-5505-44-8（平裝）

1. 生命科學 2. 通俗作品

360　　　　　　　　　　　109016874